고향
만들기

고향
만들기

초판 1쇄 발행 2025. 3. 18.

지은이 백만수
펴낸이 김병호
펴낸곳 주식회사 바른북스

편집진행 황금주
디자인 김민지

등록 2019년 4월 3일 제2019-000040호
주소 서울시 성동구 연무장5길 9-16, 301호 (성수동2가, 블루스톤타워)
대표전화 070-7857-9719 | **경영지원** 02-3409-9719 | **팩스** 070-7610-9820

•바른북스는 여러분의 다양한 아이디어와 원고 투고를 설레는 마음으로 기다리고 있습니다.
이메일 barunbooks21@naver.com | **원고투고** barunbooks21@naver.com
홈페이지 www.barunbooks.com | **공식 블로그** blog.naver.com/barunbooks7
공식 포스트 post.naver.com/barunbooks7 | **페이스북** facebook.com/barunbooks7

ⓒ 백만수, 2025
ISBN 979-11-7263-994-5 03540

•파본이나 잘못된 책은 구입하신 곳에서 교환해드립니다.
•이 책은 저작권법에 따라 보호를 받는 저작물이므로 무단전재 및 복제를 금지하며,
이 책 내용의 전부 및 일부를 이용하려면 반드시 저작권자와 도서출판 바른북스의 서면동의를 받아야 합니다.

고향
만들기

백만수
지음

좋은 터에 건강한 집을 짓고
누구나 살고 싶은 마을을 만들다

공동주택
전문가의
전원주택
도전기

전원생활에
최적인
주택에 대해
연구하라

전원주택의
모든 것을
파헤치다
(A~Z까지)

바른북스

추천사

주택이 아닌 집에 대한 고민을
행동으로 옮기다

— 대한건축사협회 회장 김재록

저자와의 인연

백만수 고향건축사사무소 대표는 좋아하는 후배 중 한 명입니다. 대한건축사협회의 공정건축설계공모 추진위원회 위원으로 협회 일에 적극 참여하였고, 대장동 사건이 언론에서 "토건비리"라고 한창 보도를 할 때는 사건의 본질은 "법조비리"가 분명한데 "왜? 토목과 건축 관련 단체는 가만히 있는가." 잘못된 보도로 건설인들이 싸잡아 비난 대상이 된다고 목소리를 높이던 건축인으로서의 자부심이 대단한 친구로 기억한다.

공동주택 전문가

후배는 LH에서 20년을 근무하고, 건축사사무소에서 12년을 공동주택의 설계와 인허가, 시공 등의 중요한 업무를 다룬 전문가로서 건축사와 시공기술사까지 취득한 인재다. 공동주택의 고층화와 고밀화로 인한 주거 기능과 문화의 질적 문제에 대해 많이 고민하고, 인구 집중으로 인한 주택의 공급 부족과 가격 상승의 난제에 대해 안타까워한 친구다. 아파트 한 동 인구가 시골의 한 동네보다 많고, 한 단지 인구가 작은 도시의 인구를 넘어서는 현상을 보며 국토의 균형 발전에 대한 아쉬움도 내비치는 친구다.

전원생활

후배가 사석에서 자주 얘기하였지만, 많은 사람들의 로망이기에 그러려니 하였다. 여전히 활동적으로 모임을 주도하는 후배라 전원이랑 안 어울린다고 생각했는데, 땅을 사고 집을 지었다는 얘기에 가족들 반대를 잘 설득했구나 싶었다. 건축사사무소도 이천으로 옮기고 전원주택에서 지내면서《고향 만들기》라는 책을 가지고 나타났다. 읽어보니 7년 동안 단독주택에 대한 많은 고민들을 건축사로서 현실을 직시하며 담담하게 적어나간 것을 볼 수가 있었다.

고향 만들기

전원주택을 짓고 전원생활을 하려는 생각에서 더 나아가 한 사람의 건축가로서 사회에 조금이라도 역할을 하고 싶은 저자가 그 목표로 "고향 만들기"라는 틀을 잡고, 이 작은 프로젝트가 돌파구가 되어서 작은 시골 마을이 "고향"이라는 거대한 모습으로 나타나면 좋을 것 같다. 그저 주거 기능을 만족하는 주택이 아니라, 사회, 문화적으로 깊이 있게 와닿는 관계성을 가지고 삶의 질을 높이는 집이 되길 바라본다.

AI시대에 건설업의 난제

건축이 현재를 대변하는 시대는 저문 지 오래되었다. 70년대부터 이어온 건축토목의 실적은 여전하더라도 AI시대에는 그 속도를 따라잡기가 힘든 것이 건설업의 환경인 것은 분명한 사실이다. 한국은 고층 건물 건설에서, 철도와 교량 건설에서 이미 전 세계에서 인정을 받고 있다. 앞으로도, 스마트 건설 및 자동화, 친환경 건축에서 IT와 AI를 접목하여 세계로 뻗어나가는 K-문화에 건설 분야가 그 방점을 찍는 날이 오면 좋을 것이다. 물리적, 기술적, 환경적 측면의 주거 성능의 가치에 더해 사회적, 문화적 맥락에서 주거 문화가 싹트도록 우리는 노력을 하여야 한다.

아주 소소하지만, 전원주택에서 주거에 대한 새로운 대안을 찾아내면서 도시의 공동주택에서 담아내지 못했던 "고향 만들기"라는 후배의 꿈을 이루기를 응원하고, 기대도 하고 싶다.

프롤로그

공동주택 전문가의
전원주택 도전기

　LH(한국토지주택공사)에서 아파트 시공과 인허가 및 주택설계기준 업무를 하며 20년, 몇 곳의 건축사사무소에서 아파트 설계 업무 12년. 32년간 공동주택을 기획·설계·시공하여 내 손을 거친 아파트 세대수가 몇만 세대가 넘게 전국 곳곳에 지어져서 여행을 하다 보면 감회가 새로울 때가 많다.

　은퇴 후 고향으로 낙향하려던 나의 꿈은 나의 고향이 원주혁신도시가 되면서 물거품이 되었다. 낙향의 꿈은 계속 남아서 새로운 고향을 만들려고 경기도 일대의 땅을 찾아 나서면서 일이 시작되었다. 처음 전원주택 한 채를 짓는 것이 아주 우습게 보였지만, 토지 답사부터 준공 후 입주까지 7년의 세월이 흘렀고, 그 과정 하나하나가 이야기가 될 정도로 많은 일이 있었다. 택지지구 아파트를 청약을 통해 분양을 받는 게 얼마나 편한 일인지 느끼게 되고, 그 일을 32년 동안 꾸준히 한 내가 자랑스럽기까지 하다.

건축을 전공한 나는 택지개발을 하면서 행정과 토목 파트에서 매입부터 대지조성까지 완료한 아파트 용지에 아파트 설계·인허가·시공을 하였는데, 작은 전원주택이지만 행정과 토목에서 한 업무들을 처리해야 했다. 토지 매입과 개발행위허가, 대지조성 공사가 그것으로 처음 마주하는 일들이어서 낯설고 힘들었다. 그렇다고 내 주특기인 주택 설계, 시공이 쉬운 것도 아니었다. 공동주택과 전원주택은 배치와 디자인, 평면도 확연하게 다르고, 사용하는 자재도 전혀 달라 하나하나 연구하며 진행하였다.

전원생활은 분명 아주 매력적이지만, 현실적으로 다가가기는 결코 쉬운 일이 아니다. 쉬운 일로 만들려고 전원주택 답사도 많이 다니고, 경향하우징도 매번 참석하고, 주말주택 생활도 했다. 전원주택을 짓고 생활하려면 우선 두 가지를 완벽히 검토해야 한다.

첫 번째, 집주인이 전원에 살 마음을 가져야 한다. 우리 부부는 5년 동안 주말주택을 임대로 살면서 결정한 상태지만, 전원생활은 육체적으로 힘이 많이 들 뿐만 아니라, 새로운 것을 계속 접하게 되면서 배움에 끝이 없다. 주택관리, 나무, 꽃, 작물에 대해 무지함이 초등학생 수준이니 배워야 산다. 부지런해져야 하고, 땅과 친해져야 한다.

두 번째, 예산도 중요한 문제가 된다. 수도권에서 토지 100평에 목조 20평의 소규모 전원주택을 마련하려 해도 3억 정도의 돈이 필요하다. 또한, 전원주택 유지비용도 같은 평수의 아파트보다 많이 들어가므로 전원생활 비용도 정확히 파악하여 예산을 수립해야 한다. 예산이 풍족하면 멋지고 큰 주택이 좋겠지만, 적은 예산이라면 실용적이며 작은 주택으로 생각하고 출발해야 한다.

전원에서의 생활 현실과 적응 방법과 전원주택에 필요한 최소한의 예산을 검토하고, 거주하기 좋은 땅과 건강한 전원주택에 대해서 7년 동안 발품을 팔며 체험한 내용과 배우며 연구했던 내용을 가지고 하나씩 되짚어서 또 다른 나에게 도움을 주고자 한다.

목차

추천사 주택이 아닌 집에 대한 고민을 행동으로 옮기다
프롤로그 공동주택 전문가의 전원주택 도전기

PART 1.
전원주택과 전원생활

1장
전원주택의 특징

20 I 여러분들이 살고 있는 주택은?
23 I 아파트와 전원주택
28 I 베이비부머 아빠, 엄마와 MZ세대 딸, 아들
33 I 기대수명과 건강수명

2장
전원생활에 대한 이해

40 I 주말주택 구하기
43 I 5도 2촌의 주말주택 생활기
49 I 우리 부부는 만능 캐릭터
52 I 주말주택 생활에서 터득한 전원주택의 핵심
59 I 2도 5촌의 전원주택 생활은?

시 한 편 – 인생에서 가장 좋은 것은 다 공짜다 (박노해)

PART 2.
전원주택 예산의 수립

1장
전원주택 가격 특성

- 68 | 토지가격 분석
- 70 | 전원주택의 유형 분류와 특징
- 78 | 주택 유형별 건축공사비 분석

2장
나에게 맞는 예산 수립

- 86 | 주말주택과 거주주택
- 89 | 가족들의 선택
- 92 | 예산의 확정
- 95 | 전원주택에서의 생활비용

시 한 편 – 저녁이 있는 삶(작자 미상)

PART 3.
내게 맞는 땅을 찾아라

| 1장
**땅을
답사하다** | 104 I 토지 답사 방법
107 I 나 혼자 토지 알아보기
110 I 동행자들과 함께하기 |

| 2장
**전원주택지로
좋은 땅은** | 116 I 자연과의 동행
119 I 기반시설의 중요성
122 I 향과 조망
125 I 함께하는 이웃과 동네 분위기

시 한 편 – 산수유꽃 진 자리 (나태주) |

PART 4.
토지 계약부터 대지조성까지

1장
토지매입

- 134 I 땅에도 주인은 따로 있다
- 138 I 토지 매매 과정
- 141 I 공동매입 할 6인의 동참자들을 확정하다

2장
단지개발 확정

- 148 I 전원주택단지들의 특징 분석
- 161 I 개발 방향을 논의하다
- 166 I 개발행위허가를 진행하다

3장
대지조성 공사

- 174 I 공사업체 선정
- 176 I 공사 착수부터 준공까지
- 181 I 대지에 쓰인 총비용

시 한 편 – 또 다른 고향(윤동주)

PART 5.
건축설계부터 준공까지

1장
전원주택은 맞춤복이다

192 I 주택 구입은 인생에서 가장 큰 소비다
196 I 아파트 평면은 잊어라
200 I 도심 단독주택과도 달라야 한다

2장
전원주택 설계의 정석

208 I 나만의, 우리만의 집은 어떻게 그려나갈까?
211 I 전원주택의 핵심은 건물 배치다
217 I 전원주택의 디자인 요소
223 I 전원주택은 유지관리가 편해야 한다
226 I 지구단위계획을 수립하고
　　　여섯 집의 설계를 검토하다
237 I 건축신고를 진행하다

3장
전원주택 시공

246 I 전원주택 시공의 책임은 누가 지는가?
250 I 기초공사 (기본 사항, 공사 현황, 일정표, 주요 확인사항, 비용 투입)
254 I 골조공사 (창호 및 방바닥 미장공사 포함)
260 I 단열공사와 내장 인테리어 공사
266 I 외장공사와 지붕공사
271 I 수장공사 (기계, 화장실, 전기·통신, 가구공사)
276 I 토목 및 조경공사
280 I 드디어 준공이 되었다
283 I 건축공사비 분석

시 한 편 – 고향 (작자 미상)

PART 6.
입주 후 이야기

1장
집들이

- 292 | 입주까지 할 일들이 무궁무진하다
- 295 | 정원의 나무와 꽃, 텃밭의 작물을 가꾸다
- 299 | 집들이
- 302 | 이제는 고향이라 말하고 싶다

2장
1년간의 생활 후기

- 310 | 다시 했으면 하는 사항들
- 315 | 다행히도 놓치지 않았던 사항들
- 319 | 집이 달라지면, 삶도 달라진다
- 324 | 버킷리스트에 전원생활이 올라가 있는 분들께…

시 한 편 – 전원에서의 하루 (백만수)

에필로그 고향 만들기
부록 전원주택 모형 만들기

PART 1.
전원주택과 전원생활

1장

전원주택의 특징

전원주택은 숲, 호수, 산 등을 끼고 있어 자연을 느끼며 건강한 생활이 가능한 주택으로 마당과 정원, 텃밭 등의 넓은 공간에서 가족과 함께하는 시간이 많고 이웃과 가까이 지낼 수 있는 주택이라고 말할 수 있다.

전원주택은 공동주택처럼 분양받을 수도 있지만, 건축주가 직접 지을 수가 있어 자기 취향에 맞게 목조, 벽돌, 콘크리트 등 다양한 재료를 사용하며 건물의 디자인도 마음껏 계획할 수 있다.

아파트나 도심 단독주택과는 입지와 생활방식이 확연하게 달라 전원주택을 분양받거나 신축을 할 때 신중을 기해야 나중에 후회를 안 한다. 특히, 신축 시에는 고려해야 할 사항들을 사전에 충분히 검토하여 진행해야 한다. 토지 매입, 대지조성, 건축 등의 과정이 매우 복잡하고 시간도 많이 들기 때문에 쉬운 일은 아니다.

마당
아파트 놀이터, 벤치의 역할이다.
썬큰이나 파고라를 만들기도 한다.
거실 역할도 가능하다.
손님오면 바비큐 파티도 가능하다.
가족과 손님들과 어울리는 공간이다.

정원
아파트의 화단과 산책로로 보면 된다.
나무와 꽃을 심고 가꾸는 공간이다.
내 취향껏 나무와 꽃을 고를 수가 있다.
과실수를 많이 심으려고 한다.
화단은 사계절 돌아가며 피게 하려 한다.

텃밭
아파트나 단독주택에는 없는 것이다.
농지가 붙은 전원주택은 규모가 크다.
처음엔 크게 하지만, 하다 보면 3~5평이 제일 적당하다.

여러분들이
살고 있는 주택은?

　우리나라 법 규정을 보면 주택을 공동주택과 단독주택의 두 가지로 분류하고 있다. 주택의 정의는 세대의 구성원이 장기간 독립된 주거생활을 할 수 있는 구조로 된 건축물의 전부 또는 일부 및 그 부속토지를 말하며, 이는 단독주택과 공동주택으로 구분된다. 여러분들이 지금 살고 계신 주택으로는 아파트가 제일 많다.

　여러분들은 어디에 살던 그곳에 적응하며 살고 있다. 임대(전세와 월세)로 살고 있는 사람들은 자가를 마련하려고 노력할 것이다. 자가이거나 임대이거나 많은 분들이 더 부지런히 노력해서 아이들 크기 전에 아파트로 가려 하고, 조금 더 큰 평수로 늘려가려 하고, 조금 더 도심에 가까운 곳으로 이사를 가려고 계획하고 있을 것이다.

현재를 살아가는 우리들에게 주택은 머물다 더 큰 곳, 더 좋은 곳으로 이사 가야 할 필요성이 많은 시대에 살고 있다. 옆집 아랫집 윗집과는 그들이 이사 가든 우리가 이사 가든 2~4년 안에는 서로 헤어지는 관계이다. 이웃으로 계속해서 관계를 유지하기가 서로 힘들다. 다행히도 아이들은 같은 학교에 다녔던 공통점이 있어 이사를 가도 계속 연락을 하며 학창 시절의 추억을 꺼내며 살아가고 있다.

어디에 살든, 어느 곳에 살든, 누구와 살든 간에 우리의 주거 공간은 바쁜 직장생활과 학창 생활을 마치고 귀가 시에 안도와 편안함이 가득한 공간이 되어야 할 것이다.

> 단독주택은 한 가구만이 독립적으로 사용하는 주택이다. 다양한 크기와 형태가 있으며, 개인의 취향과 필요에 따라 건축된다. 단독주택은 독립적인 생활 공간, 개인의 취향에 맞게 주택을 꾸밀 수 있지만 유지 관리 비용과 보안 시설을 개별적으로 설치해야 하는 단점이 있다.
>
> - 단독주택: 한 세대가 한 건축물 안에서 독립된 주거생활을 할 수 있는 주택
> - 다중주택: 학생 또는 직장인 다수가 장기간 거주 가능한 주택으로서 독립된 주거의 형태가 아니며, 660m^2 이하 주택용 층수가 3층 이하
> - 다가구주택: 1개 동 주택용도 660m^2 이하, 주택용 층수가 3층 이하
> - 공관: 공적인 거처로
>
> 공동주택은 여러 가구가 한 건물에 함께 살며 일부 공간을 공유하는 주택이다. 주로 아파트, 연립주택, 다세대 주택, 기숙사 등이 여기에 속하는데 면적과 층수로 구분한다. 공동주택은 체계적인 관리와 보안, 다양한 공용시설 이용이 가능한 장점이 있으나, 사생활 침해 가능성, 소음 문제 등 이웃과 갈등이 단점이 된다.

- 아파트: 주택으로 쓰는 층수가 5개 층 이상인 주택
- 연립주택: 1개 동 바닥면적 660㎡ 초과하고, 층수가 4개 층 이하인 주택
- 다세대 주택: 1개 동 바닥면적 660㎡ 이하이고, 층수가 4개 층 이하인 주택
- 기숙사: 일반기숙사/임대형기숙사로 나뉜다.

아파트와 전원주택

　아파트는 공동주택 중에서 제일 많은 거주 방식이고, 전원주택은 단독주택 중에서 제일 많은 거주 방식이다. 공동주택과 단독주택의 대표적인 것이다. 두 가지를 비교하는 이유는 아파트와 단독주택 생활 방식이 많이 다르기 때문이다.

　구입 과정부터 삶의 방식까지 많은 것이 달라서 단독주택 생활을 하기 위해서는 많은 경험과 이해를 하고 접근하여야 한다. 특히, 단독주택 중에서 전원주택은 그 차이점이 매우 커다란 상황이라 더욱 심사숙고하여야 한다.

첫째는 구입 방법이다

　아파트 구입은 보통 청약하고 분양에 당첨되면 건축주로서보다는 입주자로서 2~3년 후에 입주를 편히 할 수 있다. 아파트 개발과 시공은 거대한 자본을 가진 시행사와 건설사가 진행하는 만큼 선분양을 하더라도 믿고 계약할 수가 있어 입주까지 입주자금을 모으면 된다.

전원주택은 아파트와 같이 분양받기도 하지만, 대부분은 토지 구입부터 시공과정 입주까지 건축주의 시간과 노력이 많이 들어간다. 또한, 전원주택은 영세한 업체들이 시행과 건설을 진행하는 만큼 입주까지 한시도 안심을 하기 어렵다.

둘째, 입지와 기반시설이다

아파트는 도심 내에 위치하여 모든 기반시설이 갖춰져 있고, 각종 편의시설과 문화시설을 이용하기에 용이하다. 또한 아파트는 단지 내 공용시설인 상가, 커뮤니티시설, 놀이터, 공원, 주차장이 잘 갖춰져 있어 편리성과 함께 안전하고, 주택 하자나 유지보수를 관리소에서 도맡아 처리가 가능하여 거주하기가 매우 편리하다.

전원주택은 대부분 도시 외곽에 위치하여 기반시설이 부족하고, 각종 편의시설과 문화시설 이용에 불편하다. 전원주택은 공용시설이 거의 없어 불편하고 안전 측면에서도 불리하며, 주택의 하자나 유지보수를 거주자가 스스로 해결하는 불편이 따른다.

셋째, 공간의 의미다

아파트는 건설사가 만든 공간에 입주자들이 맞춰서 살아야 한다. 2베이에서 4베이로 점점 평면이 개발되면서 좋은 공간을 만들려는 노력이 있지만 유행 따라 시대별로 거의 동일한 구조로 만들어진 곳에 적응해야 한다.

전원주택은 건축주가 설계부터 참여하여 자신만의 특별한 공간과 개성을 찾을 수 있고 다양한 형태로 만들 수 있는 장점이 있는데 그러한 노력이 부족해 안타까울 따름이다.

그렇다면, 우리 부부는 전원주택 구입 과정에 7년이나 시간과 노력을 들이면서 왜 전원생활을 택하게 되었을까?

첫 번째, 집을 지으면 10년을 늙는다고들 하지만, 내 맘에 맞는 내 공간을 만들기 위한 과정들이 힘난하기보다는 즐겁고 보람으로 다가왔다. 토지 구입을 위해 여러 곳을 여행하는 것도, 내 집의 공간들을 상상하며 설계하는 것도, 건축 과정을 지켜보며 입주까지 기다리는 것도 과정마다 미래를 준비한 즐겁고 행복한 시간이었다.

두 번째는 여전히 아파트보다는 못하지만 전원주택도 많이 좋아진 것 때문이다. 교통이 점점 좋아지면서 도심의 접근성과 생활 편의시설을 이용하기가 많은 좋아셨다. 많은 부대복리시설은 없지만, 집의 마당과 정원, 텃밭의 존재는 큰 행복 공간이 된다.

마지막으로, 은퇴 후 살아갈 30년은 직장생활만큼이나 긴 세월이다. 퇴직까지 60년의 대부분을 남이 지어준 아파트에서 살았는데, 노후의 30년도 지금 살고 있는 아파트에서 살아갈 자신이 없었다. 나만의 공간을 만들고, 나만의 생활을 이제라도 하려면 색다른 공간인 전원주택이 좋은 선택이 되지 않을까 생각되었다.

표1. 아파트와 전원주택의 현재와 미래

구분	아파트	전원주택
구입 방법	분양	직접 공사
가격 형성	입주 후 상승	입주 후 하락
거래 진행	거래가 잘됨	거래가 어려움
건축 형태	직사각형 / 단층 / 중복도	다양함 / 복층 / 편복도
거주 형태	자가 / 임대(비율 비슷함)	대부분 자가(주말주택 포함)
이사 횟수	자주 함(평수 확장, 임대 종료)	이사 잘 안 함 또는 못 함
관리 상황	수월함(관리소 처리)	힘듦(직접 처리)
관리 비용	적음	많음
주택 애정	많지 않음	많음 또는 없음(폐가)
핵심 요소	더 편리해지는 신축아파트	유지관리에 편한 주택
주거 변화	초고층화 / 주상복합	소규모 / 단층 / 목조
현재 평형	33평(토지 지분 14평)	40평(토지 지분 200평)
미래 평형	24평(토지 지분 10평)	20평(토지 지분 100평)
매입 가격	매입비용 증가(분양가 상승)	매입비용 축소(소규모)

에피소드 1

전원주택 네 이름으로 할까? 싫어. 아파트 분양받아야 해

1가구 2주택의 문제가 있어 아이들 이름으로 전원주택을 지으려던 계획은 수포가 됐다. 아이들의 꿈인 아파트 분양을 받아야 하므로 절대 안 된다고 한다. 처음에는 서로 자기 이름으로 해달라고 할 줄 알았는데 너무나 의외의 반응이었다.

아파트는 돈이 되고 전원주택은 돈이 안 된다고 생각하는 것 같다. 사회 초년생들인데도 아파트 분양은 아이들의 꿈이 되어 있었다. 취업하고 월급을 타고부터 아파트 한 채 마련하기가 어려운 현실을 알게 되고, 코인, 주식, 부동산 등 투자에 대해서 동료들과 많은 얘기를 하는 듯했다. 아파트 분양은 사회 초년생들에게도 커다란 이슈로 자리 잡은 듯하다.

베이비부머 아빠, 엄마와 MZ세대 딸, 아들

학교 졸업과 동시에 취업하고 30년 넘게 직장생활을 하면서 결혼하고 아이도 낳고 집도 장만하며 가정에 충실하려고 했고, 이제 은퇴할 나이가 되니 우리 아이도 성장하여 대학 졸업하고 직장생활을 하고 있다. 30년이 넘는 직장생활을 열심히 해왔고, 아내 또한 마찬가지다. 우리의 아이들도 또한 그러할 것이다. 또 그 아이들의 아이들도 마찬가지일 것이다. 세대가 거듭될수록 시대의 변화는 가속도가 붙고 사람들은 더 힘들어지고 더 규격화되는 시대로 빠르게 진행되고 있다.

나는 어린 시절에 약 70가구가 사는 한적한 시골의 시골주택에서 태어나 초등학교까지 그곳에서 자랐다. 중학교부터 대학교는 서울로 이사해 서울과 수도권에서 계속 살아가고 있는 중이다. 시골 친구들 6명 중에서 대학은 2명만 갔고 4명은 실업계 고등학교를 다녔고, 지금은 비슷하게 농부로, 가게 사장님과 직장인으로 살아가고 있다. 나는 학창 시절 방학과 동시에 시골로 가서 방학 끝나기 하루 전에 집으로 돌아오는 일이 많았다. 시골에서 농사도 돕고, 시골 친구들과 함께 놀던 기억이 아직도 선명하다. 서울 친구의 한마디 한마디에 시골 친구들은 관심이 많았었다. 거꾸로 나는 시골 친구들의 한마디 한마디가 재미있었다. 서울의 목욕탕 가는 것보다 마을 한적한 냇가에서 멱을 감는 것이 훨씬 좋았고, 서울의 좁은 골목길에서 오징어게임 등을 하는 것보다 토끼와 꿩을 잡으러 산속을 헤집고 다니는 것이 좋았다.

우리 아이들은 한 동이 100세대나 되는 도시의 아파트에서 태어나서 어린 시절부터 대학을 졸업한 지금까지도 아파트에 살고 있다. 아이들과 친구들 모두 대학까지 졸업하여 취업을 했고, 아직도 학업을 계속하는 친구들도 있다. 태어나고 초등학교까지 지낸 아파트는 90년대의 지상 주차장이 있는 아파트였고, 중학교 때부터는 신도시의 지하 주차장이 있는 아파트이다. 가끔 방학 때 시골 친가나 외가를 가는 것 빼곤 계속 아파트에서 생활하였다. 신도시 아파트의 친구네는 앞집일 수도 윗집일 수도 옆 동에 살 수도 있는데 그 평면은 똑같다. 단지가 다르더라도 평면은 거의 동일하다. 방의 위치, 크기도 비슷하다. 거의 동일한 생활패턴을 가지고 거의 똑같은 목표를 가지고 있다.

베이비붐세대 부모와 MZ세대의 자녀들 간에는 이렇게 성장의 배경과 환경이 다르다. 지금 우리나라를 이끌어 가야 할 아이들의 미래는 저성장시대로 접어들면서 우리의 젊은 시절보다 밝지 않아 보인다. 먹고사는 문제는 어린 시절의 우리 때보다는 훨씬 좋아졌지만 삶의 질에서는 나아졌다고 보기가 힘들다. 우리보다 훨씬 심한 경쟁을 하고, 우리보다 삶의 방법은 매우 제한적이며, 사는 방식도 거의 유사한 형태라 친구가 경쟁자로 다가서니 즐거운 인생은 아니다. 베이비부머인 우리는 융통성을 가지고 좋은 게 좋은 거라 대충대충 해도 잘 지냈지만, 아이들 세대는 원리원칙이 필요하고 그럼으로 인해 팍팍하면서 칼날 같은 예리함이 몸에 배어 있는 것 같다. 부모들과는 자라온 환경이 너무나 다른데 부모들의 잣대로 아이들을 바라보는 것은 세대 갈등만 일으키는 결과만 가져올 뿐이다. 경쟁이 심한 시대를 살아가면서 도덕과 양심보다는 규칙과 재력에 몰두하게 만든 책임은 부모들인 기성세대들이다.

결혼 때부터 혼자되신 어머님을 모셨고, 아이들이 성장해 직장 잡을 때까지 케어해야 하는 부모와 자녀 모두 돌봐야 하는 마지막이 베이비부머 세대인 우리들이다. 우리 아이들에게 이런 중책을 기대할 필요도 없고, 그럴 마음도 전혀 없는 세대이기도 하다. 우리 부부는 이중돌봄의 마침표로서 주거환경 변화로 시작하려 한다. 시골에 건강한 우리 집을 짓고, 웃음 가득한 골목길이 있는 누구나 살고 싶은 마을에서 독립을 하려고 한다. 아이들 곁에 머물지 않고 적당한 거리의 전원주택에 힐링할 장소를 만들어 도심지 생활에 지친 아이들의 방문을 기다릴 것이다. 더 나아가 아이들이 결혼해서 손자·손녀가 태어나면 육아를 전적으로 도움을 주기보다는 조금 더 컸을 때 손자·손녀들이 찾을 수 있는 시골집을 만들어 놓으려 한다.

표2. 베이비부머 아빠, 엄마와 MZ세대 딸, 아들

구분	베이비 부머 아빠, 엄마	MZ세대 딸, 아들
출생 시기	1960년대	1990년~2000년대
최종 학력	대졸 35%	대졸 90%
결혼 시기	1990년 전후	진행 중
결혼 비율	거의 100%(대부분 20대 결혼)	결혼할 나이 됨(30대에 결혼)
출생 지역	농촌(학업과 취업으로 도시로)	도시(졸업 후 수도권으로)
주거 형태	단독주택 → 공동주택	공동주택 =→ 공동주택
소통 방법	대면 형식(오프라인)	컴퓨터, 핸드폰(온라인)
보는 시각	2D 세대(입면: 과정이 중요)	3D 세대(조감: 결과가 중요)
모임 방법	소풍, 써클, 회식 등 단체 모임	소규모 모임에 익숙
결재 방법	회비 사용, 한턱 쏘기	더치페이

에피소드 2

오늘 동탄 아파트 청약 넣었는데, 경쟁률이 300만 대 1이야

전원주택 책을 쓰면서도 계속 아파트 얘기를 하게 된다. 전국에서 300만 명이 청약한 동탄 아파트는 취소분으로 5년 전 가격으로 공고되어 당첨되면 약 5~6억을 벌 수 있다고 한다. 아파트 가격이 5년 만에 2배가 된 것으로 보면 될 것 같다.

언제까지 이러한 현상이 계속될 것인가? LH 다니면서 숱하게 고민하여도 답이 안 나오는 사안이긴 하다. 나는 아이들에게 분양 경쟁이 치열할 때 분양받으면 돈이 안 된다고 얘기한다. 고분양가이기에 돈이 되지 않는다. 분양가 상한제 아파트도 고분양가는 다르지 않다. 미분양으로 분양가가 낮을 때 청약 경쟁 없이 동호수를 지정하여서 계약한 아파트가 2배가 되는 것이다. 고분양가에 분양받는 것보다 수익이 훨씬 크다. 그런 시기가 이젠 안 온다지만 10~15년 주기로 계속 진행되니 길게 보고 마음 편하게 기다리라고 한다. 2기 신도시 동탄, 위례, 판교, 광교까지도 미분양이 있었던 것이 현실이다.

기대수명과
건강수명

현재는 기대수명이 90세를 넘어가는 시대라 은퇴 후에도 30년의 시간이 우리에게 더 주어진다. 직장생활 한 만큼의 시간이 다시 주어지니 이것이 즐거운 일인지 안타까운 일인지 모르겠다. 기대수명은 계속해서 급속히 늘어나고 있지만, 건강을 유지하며 사는 건강수명은 몇 년 전부터 조금씩 늘어나는 통계청 통계는 더 커다란 숙제를 우리에게 안겨준다. 은퇴가 다가올수록 건강에 관심이 늘어나는 것은 내 몸에서 건강에 유의하라는 신호를 계속 보내기 때문이다. 과식을 하면 어김없이 컨디션이 안 좋고, 과음한 다음 날 일어나기가 너무 힘들고, 잠자면서 한두 번은 화장실에 가야 되니 충분한 수면은 예전 얘기가 되어버렸다.

표3. 한국의 기대수명과 건강수명

구분	기대수명	건강수명
정 의	살아갈 수 있는 평균 연수	건강하게 생활할 수 있는 연수
한국 현황	83세(2023년 기준)	73세(2021년 기준)
남녀 상황	86세(여성) / 80세(남성)	76세(여성) / 70세(남성) 추정
최근 추세	계속적인 증가	기대수명의 증가 속도보다 느림
증가 요소	의료서비스 향상 / 만성질환 관리 / 공중 보건 정책
노년 생활	60세 은퇴 후 23년 / 급속 증가	60세 은퇴후 13년 / 느린 증가
미래 추세	계속적인 증가	기대수명보다 증가 속도 빨라져야
중점 사항	치유력에 중점	면연력에 중점
병원 방문	방문 횟수 많음	방문 횟수 적음
생활 방식	도시형 생활	전원형 생활
거주 장소	도심의 공동주택	시골의 전원주택

 그럼, 우리 부부는 은퇴 후에 어떻게 살아가야 할까? 노후 생활을 준비하려고 보니 어디에서, 무엇을 하며, 어떻게 지내야 좋을지 앞으로 30년에 대해 생각이 깊어진다. 보통 도시 생활을 택하는 이유는 내가 생활하던 이제 편해진 현재의 집에서 지역에서 계속 살고 싶고 노년에 변화가 낯설고 두렵기 때문이다. 몸에서도 이상 신호를 계속 보내 자주 병원에 다니게 되니 병원이 많은 곳에 살아야 한다. 직장생활 때 하던 취미와 새롭게 도전하는 취미생활에 충실하여 자격증에 도전하고, 전문가로 나서고 싶기도 하다. 또한, 어렵게 들어간 자녀들 직장생활을 돕고 결혼하면 손자·손녀 육아도 돕기 위해 자녀들과 가까이 살게 된다. 학교 은사님이 운동하며 하신 말씀이 있는데

"손자·손녀 사진을 꺼내려면 지갑도 열어야 한다." 따로 부연하기 어렵지만, 손자·손녀 자랑은 끝도 없어서 하신 말씀 같다.

나도 이러한 대세를 따라야 하나? 많은 고민 끝에 남은 30년의 삶은 이전과는 조금이라도 다르게 살아보고 싶다. 무엇에 끌려가는 우리이기보다 우리가 주축이 되어 살고 싶다. 주어진 공간에 적응하는 게 아니고, 우리가 창조한 공간에 우리가 하고 싶은 일을 하고, 우리가 주인공으로 살려고 한다. 편리하고 화려한 도심을 복잡하고 붐비는 도시를 떠나 인생의 마무리는 시골 전원주택에서 자연을 품고 여유롭고 편안하게 건강을 지키면서 살아가려 한다. 시골 생활 하며 시간과 실력이 허락된다면 작게나마 농사에도 도전할 욕심도 있다.

에피소드 3

이제 당구는 치지 말사

> 언젠가 동네 당구장에서 지인들과 3구로 저녁 내기 게임을 위해 편을 먹고 당구를 치게 되었다. 학교 때 보통 200 정도의 당구 실력이라 치열한 대결을 하다가 주변을 둘러보니 대부분의 사람들이 은퇴하신 60대 중후반 이상의 분들이었고, 70대인 분들도 상당한 듯하다.
>
> 회사에서는 우리들이 최고참에 속하는데 당구장에서 우리들은 제일 어린 막내들이었다. 우리들도 몇 년 후에는 하루의 많은 시간을 당구장, 등산,

산책, 골프 등으로 시간을 보내게 될 것이다. 저녁 술자리에서 한 사람이 앞으로는 당구 치지 말자고 하는데 우리의 미래 모습이 마음에 안 와닿는 모양이다. 웃어넘기며 술잔을 기울였지만 나의 마음도 비슷했다. 당구장에 안 간 지 몇 년이 되어간다.

2장
전원생활에 대한 이해

전원생활은 여유롭고 평온할 것으로 생각하여 자신의 로망으로 생각하면 대단한 착각이 되고, 금방 후회가 밀려와 도시로 다시 복귀를 모색하게 될 것이다. 전원생활은 도심과의 거리로 인해 교통이 불편하고, 마트, 병원, 학교 등 생활 편의시설이 멀어 불편하다. 넓은 부지와 큰 집은 유지보수에 시간과 비용이 많이 들고, 정원과 텃밭 관리에 신경 쓸 부분이 많다.

전원생활은 부지런해야 하고, 땅과 친해져야 한다

주택을 직접 유지 관리하려면 만능 기술자가 되어야 하고, 나무와 꽃을 예쁘게 가꾸려면 정원사로, 채소들을 맛있게 기르려면 농부가 돼야만 한다. 삼시세끼 식사와 손님맞이를 하려면 요리사도 돼야 한다. 부지런하지 않으면 어디서든 티가 나게 되어 있다.

땅과도 친해져야 하는데, 흙을 만지고 밟는 게 일상이기 때문이다. 땅에는 각종 미생물과 벌레들이 있어 자주 마주쳐야 하고, 나무와 꽃 주변에는 온갖 잡초들이 계속해서 올라온다. 여러분이 주로 다니던 길과는 차원이 다르다. 길은 인공적으로 만든 도시와 사람을 연결하는 것이지만, 생명의 근원인 땅과는 차원이 매우 다른 것이다.

주택관리

아파트는 관리사무소가 있다.
단독주택은 직접 처리해야 한다.
창고에는 공구들이 하나둘 늘어난다.
하자 없는 집을 지어야 하는 이유다.

정원사 & 농부

나무와 꽃은 저절로 예뻐지지 않는다.
작물은 농부의 발걸음으로 자란다.
잡초는 매일 뽑아야 전원이 예쁘다.
잔디도 2주에 한 번은 깎아줘야 한다.

요리사

텃밭에서 자란 상추, 고추, 가지, 토마토를 요리에 사용해야 한다.
삼시세끼를 집에서 해결한다.
자녀나 손님을 맞이해야 한다.
우리 집만의 비밀 레시피도 만들게 된다.

주말주택 구하기

　전원주택을 구하려 수도권을 돌아다녀 보니 몇몇 부동산과 지인들이 전원생활 적응 여부는 장담하는 것이 아니라며 우선 임대하여 살아보라고 권유하였다. 집을 지어도 은퇴 전 몇 년은 주말주택으로만 사용하려던 생각이라서 임대 물건들도 가끔씩 보게 되었다. 전원주택 임대도 쉽게 결정을 내리기에는 여러 가지 고민이 되는 사항이 많았.

　주말에만 사용할 것이라 규모가 작은 집으로 월세를 생각하고 진행하였는데, 대부분 규모가 크고 전세인 물건들이 대부분이었다. 이왕이면 5년 이내의 새집을 원하였지만 하자가 걱정되는 오래되고 허술한 집이 많아 선뜻 계약을 하기가 어려웠다. 그나마 임대가격이 싼 매물 대부분은 조립식주택(경량 철골의 골조에 조립식판넬을 벽으로 하고 외부에 목재사이딩을 붙인 1990년대 시골집으로 평당 200만 원 정도에 지은 집이다)이라 계약을 하기가 어려웠다.

다른 한편으로 텃밭만 임대하는 주말농장이 가성비 측면에서는 좋았지만 전원생활의 체험에는 한계가 있어 주저하게 되었다. 마땅한 임대 매물을 찾지 못하던 중에, 각 지자체에서 운영하는 농촌체험마을이 있다는 소식을 듣고 알아보았다. 용인에는 학일마을이라는 곳이 있어 방문했는데 비용은 연세가 300만 원이라서 저렴했고, 5평의 독채와 텃밭으로 구성되어 있었다. 비용 측면에서는 좋았지만, 건물들이 너무 붙어 있고 마당이 없어 주택과 텃밭이 바로 연결되어 야외에서 쉬고 놀 공간이 부족해 보였다.

주말농장의 느낌이라 숙박이 어려워 보여 선뜻 계약을 못하고 더 알아보던 중에 캠핑 마니아인 친구가 "용인다누리골"이라는 캠핑장에서 주말주택을 20채 정도 운영한다고 하여 방문해 본 결과 학일마을보다 집과 텃밭도 더 크고, 데크도 갖춰져 있어서 전원생활 경험하기에 좋은 장소라 판단되었다. 1년 임대비용은 연세 600만 원으로 조금 비싸 보여도 1년은 살아보려고 계약을 하게 되었다. 농촌체험마을은 지자체가 하는 인구 유입 정책의 하나였고, 수도권이 아닌 지역은 더 좋은 곳이 많았다. 은퇴 후 전국 각 시도에서 임대로 1~2년씩을 살아보고 좋은 곳을 택하자는 아내의 의견도 있었다. 전원주택 신축에 들어가는 초기자금 부담이 많았기에 1년에 임대비용이 600만 원이면 가능한 시나리오였지만, 고향을 찾으려는 나의 소망이 확고해 아내의 유혹에 넘어가지 않았다.

에피소드 4

전국에서 진행되는 귀농, 귀촌 프로그램들

도시에서의 공동주택 생활이 기본적 생활 방식이 되었고, 그중에서도 직장이 많아 취업에 유리한 수도권으로의 인구 집중은 돌이키기 힘든 일이 되었다. 안타깝지만, 지방 도시나 도심을 벗어난 전원은 낙후되면서 빈집만 늘어나고 있다.

전체 인구가 줄어들기도 전에 이러한 현상은 있었는데, 인구가 줄어드는 몇 년 후에는 가속도가 붙을 것이다. 그렇지 않아도 좁은 국토를 더 좁게 만드는 현상이 매우 의아스럽지만, 도심 고층화와 광역 교통망으로 꾸역꾸역 메워가고 있다.

남들이 한쪽으로 몰려갈 때 한 번쯤은 반대쪽으로 가보고 싶다면, 지방 지자체에서 아주 적은 예산으로 하는 귀농, 귀촌 프로그램을 활용하는 것도 좋을 듯하다. 어느 세상이든 다양한 삶이 펼쳐지므로 굳이 우르르 몰려다닐 필요가 없겠다.

5도 2촌의
주말주택 생활기

주말주택 살림 장만하기

　주말주택을 마련해 보니 에어컨, 세탁기, 냉장고, 가스레인지 등 모두 갖춰져 있있지만, 많은 것을 새롭게 장만해야 했다. 신혼부부가 신혼살림을 장만하듯이 했다. 우리 부부는 1년만 살 수도 있으니 비용 절감을 위해서 저렴한 캠핑용품을 위주로 구매했어도 만만치 않은 금액이 들었다. 냉동실이 없는 냉장고라 냉동실이 있는 소형 냉장고를 구입하고, 각종 식기류들도 집에서 쓰던 것을 가져왔지만 막 쓰기 좋은 저렴한 것으로 추가 구입을 하였고, 식탁과 의자도 캠핑용으로 구입했다. 먹거리를 위해 각종 양념과 조미료와 생활용품들을 구입하느라 한 달은 계속 신경을 써야 했다.

텃밭에서 농작물 기르기

6평 정도의 목조주택의 내부를 정리한 뒤에는 주택 앞뒤로 약 10평 정도의 마당과 텃밭을 가꾸는 일들이 남아 있었는데, 텃밭에 밭고랑을 만들기 위해 호미부터 삽, 망치, 비닐과 고정대 등 각종 농기구들을 계속해서 사러 다녀야 했다.

이런 준비를 마치고 맨 처음 3월 말에 감자를 심었는데 어머님이 감자 싹을 준비해 줘서 밭고랑 세 줄은 감자가 터를 잡았다. 그다음부터는 상추, 쑥갓 등의 채소류와 고추, 가지, 토마토 등의 모종을 파는 곳에서 사서 심는 재미에 4월을 바쁘게 보내게 되었다. 주말에 갈 때마다 얼마나 컸는지 잔뜩 기대를 하면서 가지만 모종은 항상 크기가 거의 그대로여서 죽었나 싶었는데 옆집 분이 우리가 너무 빨리 심어서 그런 거지 다음 주엔 커질 거라고 안심을 시켜주었다. 모종도 밭으로 이사하였기에 자리를 잡으려면 뿌리도 계속 내리고 3주는 기다린 이후에 조금씩 키가 크고 잎도 피우기 시작했다.

첫 봄에 심은 작물은 감자, 상추류, 완두콩, 가지, 고추, 토마토, 고구마, 오이, 호박인데, 텃밭 한 줄을 차지한 상추류는 커지기 시작하니 수확량이 감당이 안 될 정도로 많아 지인들에게도 나눠주어야 해결이 될 정도였다. 5월 점심은 상추 비빔밥으로 저녁은 상추쌈이 있는 삼겹살로만 주말 식사를 해야만 했다. 내가 재배한 상추류들이 싱싱해 맛도 있었지만, 그보다는 차마 버릴 수가 없어서 먹게 되었는데, 6월 초부터는 삼겹살을 먹을 때 가지, 고추, 토마토를 수확하여 같이 구워 먹으니 고기보다 야채류에 더 손이 많이 가게 되었다. 열매류인지라 상추류를 딸 때보다 가지, 고추, 토마토를 수확 시의 기쁨이 더 컸기도 했지만, 구워 먹을 때 단단하여 식감도 좋고 싱싱하여 이 맛에 주말에 텃밭을 하는 사람들이 많나 보다 싶었다.

5월 마지막 주에는 완두콩 몇 개를 따서 껍질을 벗겨보니 5~6알이 앙증맞게 쳐다보는데 너무 귀여워 핸드폰으로 사진을 안 찍을 수가 없게 만들었다. 밥할 때 완두콩은 6월 내내 주말주택에서뿐아니라 본가에서도 먹을 수 있을 정도로 풍년이었다. 6월 말에는 가장 먼저 심은 감자를 수확할 때 아이들에게 수확의 기쁨을 느껴보게 하려고 같이 수확하는데 생각보다 적은 수확량에 아이들이 아빠의 실력을 의심하는 듯하였다. 감자를 캤던 곳에다가는 당근씨를 뿌려보았다.

7월부터는 고구마 줄기가 너무 무성하여 한 시간 정도 껍질을 벗긴 양을 집에 가져갔는데, 한 달이 넘어가니까 막내 아이가 이제 고구마 줄기 반찬은 지겹다면서 그만 가져오라고 할 정도로 많이 나왔다. 장마철에는 매주 방문 때마다 텃밭의 잡초를 제거하는 힘든 나날이 되었다. 잡초는 왜 이렇게 빨리 크는지 일주일 만에 농작물의 키를 넘어서는 것들도 있을 정도로 급속하게 커졌다. 주말마다 안 갈 수가 없는 상황이 되고 토요일 오전은 잡초 제거하느라 시간을 보내야만 하였다.

 8월이 되니 토마토와 가지의 수확량이 서서히 줄어들고, 고추는 계속 많은 양이 수확되어 고추에게 고마움이 너무 컸다. 9월 초에는 드디어 고구마를 캤다. 감자를 실패한 터라 기대감이 크지 않았지만, 의외로 튼실한 고구마를 생각보다 많이 수확하게 되어 아이들을 데리고 오지 않은 것이 아쉬웠다. 고구마를 캔 자리에는 배추 모종을 심고 열무씨도 한 고랑에 뿌려보았다.

에피소드 5

아빠! 가지랑 고구마 줄기 그만 가져오면 안 돼?

 모종 6개의 가지에서, 고구마 줄기 100개에서 수확하는 가지와 고구마 줄기는 실로 엄청나게 많다. 수확이 많아지면서 처음에는 이웃집에 나눠

주기도 하였지만, 매주 갖다주기엔 서로 부담스러웠다. 그렇다 보니 그 많은 수확물로 집에서 계속 반찬을 만들어야 했다. 가지와 고구마 줄기 반찬이 한 달간 계속 식탁에 올라오니까 많이 지겨웠던 모양이다.

한 달이 넘게 좋아하지도 않는 반찬이 계속 올라오니 참다 참다 한마디를 하는데 가슴이 철렁하였다. 아이가 고3이었는데 아빠, 엄마가 고3을 우습게 안다는 투였다. 무서운 고3이 집에 있다는 것을 우리는 잊고 주말주택에 매 주말 놀러 가니 어이가 없었던 듯하다.

10월까지도 고추는 계속 나와서 텃밭에 고추는 항상 심어야 할 작물이라 생각되었다. 특히, 꽈리고추는 삼겹살 구울 때 같이 구워도 되고, 고추무침으로 만들어 먹는 반찬으로 내 입맛에 최적이었다. 배추는 쑥쑥 자라면서 기대치만 올려놓고 한 주 만에 벌레들의 식량으로 날아갔고, 열무씨를 너무 많이 뿌려서 솎아주는 데 시간을 많이 뺏겼다.

11월에는 옆집에서 양파 모종을 심고 남았다고 주길래 100개 정도를 심었다. 겨울에 심는 작물의 대표가 마늘과 양파인데 처음 해보는 거라 겨울을 버틸 수 있을까 하는 의심도 있었지만, 다음 해 5월에는 약 80개를 수확을 할 수가 있었다. 자연의 신비함이 느껴지는 작물이다.

꽃과 나무 가꾸기

2017년에는 주말주택의 땅은 텃밭으로만 쓰였으나, 다음 해부터는 아내가 텃밭의 가장자리에 꽃을 기르면서 전원생활에 차츰 관심을 나타내기 시작한 해였다. 때마침 '용인다누리골'에서도 캠핑장 내에다 사계절 꽃을 볼 수 있는 정원을 만들기 시작했고, 같이 도와주면서 보고 배울 기회가 되었다. 해가 갈수록 꽃과 나무가 더 많이 텃밭에 자리 잡았고, 4년 차 때는 토지가 큰 110호로 옮기게 되면서 텃밭보다는 화단의 면적이 더 많아졌다.

주말주택의 입주자들도 다양해졌는데 텃밭보다는 꽃과 나무를 기르는 사람이 늘었고, 마당을 아이들의 놀이터로 사용하면서 힐링을 하는 젊은 층들이 많아졌다. 코로나가 발병되면서 여행을 못 가니 다누리골 주말주택은 다양한 사람들이 입주하면서 전 세대가 입주하는 호황이 되었다. 5년간 주말주택에 있으면서 암 투병 중인 분들이 매년 한두 분이 오셔서 요양하는 경우도 있었다. 코로나 시대에 다누리골에는 평일에 사람이 거의 없는 한적한 곳이라 몇 곳의 방송사에서 촬영을 하기도 하였다.

우리 부부는
만능 캐릭터

고장나고 훼손된 집의 구석구석은 오로지 우리가 <u>스스로 고쳐야</u> <u>한다</u>

    아파트에서는 관리소에 진화를 걸어 민원으로 처리하면 되지만, 단독주택은 못 하나 나사 하나라도 내가 직접 고칠 수 있는 <u>다재다</u> <u>능한 기술자</u>가 되어야 한다. 무엇 하나라도 고치려면 연장이 없으니 생전 가보지도 않았던 철물점부터 가게 된다. 임대주택 6평에서 생활하는데도 구입한 공구나 자재류가 한가득이 되었다.

사 먹는 게 편하다고 느끼기에는 1년이 채 안 걸렸다

    전원주택에는 마당이 있어 바비큐를 구워 먹는 재미가 쏠쏠하여 도시의 아파트 사람은 로망이 되겠지만, 바비큐 그릴부터 숯, 토치,

장갑부터 준비물이 만만치 않을뿐더러 고기와 채소류, 각종 소스류와 찌개와 밥까지 손님을 치르는 고깃집 사장님과 별반 다르지 않다. 또한, 주말에 음식 하기 싫거나 피곤하면, 배달 음식도 먹고, 외식 나가면 되는데 텃밭을 5평 정도 가꾸다 보면 이곳에서 나오는 각종 채소가 싱싱할 때 먹어줘야 하는 의무감에 삼시세끼를 다 챙겨 먹어야 되면서 백반집 사장님 역할도 생긴다.

정원의 나무와 꽃 하나하나의 특성도 알아야 한다

나무와 꽃은 종류가 많아질수록 책과 유튜브를 보며 연구해야 한다. 심을 때의 주의점. 계절 따라 전지도 해주고, 분갈이 식으로 접목도 해야 하고, 수시로 올라오는 보기 싫은 잡초도 제거하다 보면 정원사 역할도 해야 한다.

텃밭의 작물도 사 먹는 것보다 맛있으려면 배워야 한다

텃밭을 하려면 밭고랑을 만들면서 퇴비와 비료, 농약도 주어야 하고, 잡초 예방을 위해 비닐도 덮고, 모종과 파종도 적기에 해야 하며, 싹이 올라오면 골라주어야 하고, 가지가 생기는 작물은 가지치기도 해야만 먹을 만한 열매를 수확하지 가만히 심어놓으면 다 되는 게 아니다. 채소류와 야채류의 종류도 다양하고 심는 시기도 다 달라 한 주에 한 번 가면 할 일이 태산이 되는 농부가 돼야 한다.

기술자 역할을 하려니, 헬스장보다는 철물점에 가서 각종 공구 구입에 시간과 비용을 쓰고, 고깃집, 백반집 사장님 역할을 하려니, 매주 장보기는 기본적으로 빼먹으면 안 되고 정원사 노릇을 하려니, 생전 가지도 않던 농원에 매 주말 가서 나무와 꽃을 쳐다봐야 하고 농부 역할을 하려니, 어디 있는 줄도 몰랐던 농약 가게나 모종 가게를 샅샅이 뒤져야 한다.

전원에서는 정신적으로는 여유롭고 풍요롭지만, 육체적으로 많이 힘든 게 사실이다. 주택의 수리나 유지를 위해 집주인이 직접 해결해야 하며, 마당과 정원. 텃밭의 각 공간들을 가꾸면서 얽히는 많은 일들과 외식이 마땅치 않아 삼시세끼를 집에서 해결을 해야 하니 도시에서의 편리함은 찾기가 어려운 게 현실이기도 하다.

주말주택 생활에서 터득한 전원주택의 핵심

    은퇴 후 전원생활은 나의 로망이었지만 약간의 두려움도 있었는데 작은 체험형 주택을 임대하여 보낸 5년의 기간 동안 겪었던 일들로부터 서서히 적응을 해나갔던 것 같다. 전원생활은 막연한 기대감을 가지고 접근하는 것보다는 직접 겪어보면서 적응을 해나가는 것이 필수인 것 같다. 전원생활을 하려면 철저한 준비가 필요하다고 하지만 말로 듣는 것과 직접 겪어보는 것은 많은 차이가 나는 것이다. 전원생활을 막연한 로망을 실현하는 단계로 접근하기보다는 철저한 준비 단계가 필요할 것이다.

    귀향하려면 동행하는 사람도 당연히 적응할 수가 있어야 하는데, 아내는 결혼 초기부터 귀향에 공감한 터라 언젠가는 같이 가려고 마음속에 담아두고 있었기에 동행의 의지가 있어서 다행이었다. 어릴 적 시골생활을 해본 나와는 달리 아내는 도시에 살던 사람이라 논에 있는 벼를 보고 벼나무라고 부르던 사람이라서 전원주택 생활의 하나하나가 신기하고 놀랍고, 두려운 일도 많이 생기다 보니 직접 경험하기를 잘했다는 생각이다.

전원에의 적응과 이웃의 중요함

어릴 적 농사를 지어봤다고 자신만만했던 나이기에 텃밭의 조그마한 농사는 아주 쉽게 생각하였지만, 많이 서투른 탓에 문제들이 생겨나기 시작했다. 우선, 모종을 살 때 텃밭은 10평이라 모종은 소량으로 사야 하는데 소량으로 안 파는 작물도 있어서 많이 사 오게 되어 옆집에 나누어 주지 않으면 텃밭은 한 가지 작물만 심어야 될 형편이었다. 두 번째는 많은 종류의 작물을 심다 보니 관리의 노하우가 없으면 수확량과 품질이 형편이 없게 되니 경험 많은 이웃집에 물어보면서 농사해야 했다. 세 번째는 주말에 한 번을 와서는 농작물에 필요한 물을 충분히 공급해 주기가 어려운 상황이라 상부상조로 이웃들의 도움이 필수적이었다. 주말주택의 이웃들과 깊은 얘기는 할 수가 없었지만, 같은 생각을 가지고 입주를 한 상황이라 서로 간에 동질감도 있었고, 재배 방법과 수확한 작물들을 나눠 먹으면서 이웃 간의 정이 쌓이다 보니 한 집이 전원주택을 지어 이사를 하게 되면 부럽기도 하였지만 헤어짐의 아쉬움도 생겨났다. 좋은 장소에서 서로 피해를 안 주려 노력하며 일주일 만에 보면 반가워 인사하고, 한 집이라도 안 오는 날에 안부가 궁금해지니 다름 아닌 이것이 이웃인 것일 것이다. 또한, 이웃들 중에 몇 분은 암치료를 받고 계셨는데 공기 좋은 곳에 와서 항암치료를 견디어 내시는 것을 보니 자연에서의 생활이 도움이 되는 것 같다.

전원의 깊숙한 곳에서 호젓한 생활을 계획하였던 우리 부부의 생각은 5년간 주말주택에서의 전원생활을 하면서 나 홀로 주택보다는 이웃과 함께할 수 있는 곳으로 가야 한다는 생각이 생겨나고, 이왕이면 친한 사람들과 함께 가면 더 좋겠다는 생각을 가지게 되었다.

남향과 배수의 중요성

전원주택에서 가장 중요한 것이 조망과 향이다. 이 두 가지를 다 갖추려고 땅을 찾아 경기도 일대를 많이 돌아다녔다. 두 가지 중에서 가장 핵심은 남향이다. 전원주택에서 조망은 걱정할 것이 전혀 못 된다. 집의 어느 곳에든 동서남북으로 자연이 눈앞에 펼쳐지게 되어 도심과는 확연한 차이가 생긴다. 멀리 강과 호수가 보이는 조망을 굳이 찾을 필요를 느끼지 못한다. 동서남북 어디로 눈길을 두어도 시원한 자연이 있다.

전원생활에서 햇빛이 잘 들어오는 만큼 생활의 질이 좋아진다. 남향이 전원주택에서는 가장 중요하다. 2017~2019년은 다누리골 남동향인 106호에서는 햇볕이 내리쬐는 남향의 중요성을 느끼지 못하고 생활을 하였다. 사계절 내내 햇빛 아래에서 집 앞 데크에 앉아 마시는 커피 한 잔은 커다란 행복이었고, 6평인 좁은 실내보다는 넓은 야외생활에 익숙한 생활이었다. 하지만, 2021~2022년은 집 뒤에 후원이 있고 땅이 조금 더 넓고 캠핑장과 완전 분리 된

동향의 110호분이 양평의 전원으로 가면서 110호에서 지내게 되었다. 110호는 오전에만 햇볕이 들어 오후에는 햇볕을 찾아 건물 뒤편으로 자주 옮겨 다니게 되었다. 활동이 제일 많은 오후에 마당과 정원에 따사로운 햇볕이 없으니 이사를 후회하게 되었다.

또한, 텃밭 농사도 지장이 생겼는데 텃밭 크기가 2배 정도여서 더 많은 작물을 심게 되었지만, 채소나 야채들에게도 햇볕이 중요해서 수확량도 그다지 늘지 않았고, 수확물의 크기나 맛도 덜하였다. 아내는 농사가 4년째인데 어째 실력이 하나도 늘지 않느냐고 타박 아닌 타박을 받을 정도였다. 남향의 중요성은 사람에게 뿐만이 아닌 각종 식물들에게도 해당이 되어서 햇볕이 잘 들어야 생기도 생겨나고 잘 자라는 것이다.

용인다누리골은 동서의 양쪽에 산이 있고 남북으로 길게 뻗은 골짜기라서 오전에 해가 늦게 뜨고 오후에도 일찍 해가 저물어 습기기 많아 디욱더 도로보나 낮으년 분제가 생기게 된다. 106호는 도로보다 높아 배수가 잘된 곳인 데 반해 110호는 도로와 동일한 높이고 골짜기에 있는 땅의 습기가 많은 토지라서 벌레들이 많을 수밖에 없었다. 특히, 여름철에는 벌레와의 전쟁을 치러야 했다. 이곳에는 뱀과 지네 등 여자들이 끔찍이 싫어하는 동물들도 가끔은 출몰하여서 많은 주의가 필요했다.

에피소드 6

지네와 뱀

> 어느 날 밤, 비명 소리에 놀라 깨어보니 화장실에서 큰아이가 손가락보다 큰 지네를 보고 놀라 기절 직전이었다. 살아 있는 지네 중에서 내가 본 가장 큰 지네로 어떻게 화장실에 들어왔는지 신기했다. 지네도 놀라서 화장실에서 이리저리 헤매고 있고, 나도 너무 커서 손으로 못 잡고 휴지 몇십 장에 물을 묻혀서 겨우 잡아서 버렸다.
>
> 옆집에서도 지네가 나왔다고 나한테 잡아달라고 부탁한 적도 있으니 종종 지네가 이집 저집에서 나타나는 듯했다. 아이와 집사람은 보지 않았지만 텃밭에서 뱀도 매년 한 번은 봤지만, 겁먹을 것 같아 얘기하진 않았다. 또한, 잡는 것도 일이 될 만큼 말벌은 매주 보이고, 저녁에 모기와 파리 때문에 바비큐 파티를 하려면 모깃불을 최소 5개는 피워야 한다. 전원주택에서는 각종 벌레들과 전쟁을 해야 한다. 아파트 생활에서는 전혀 신경쓸 필요가 없는 일이다.

주택 유지관리의 중요성

공동주택은 내구성이 좋은 철근콘크리트이고 외장재료는 보통 도장을 하는 건물이라 유지관리가 편하고, 하자가 생기면 관리사무소에서 알아서 해주므로 집주인은 큰 관심이 없어도 된다. 전원주택은 목조주택으로 외장재도 다양한 상황이라 관리에 신경을 써야 하며, 집주인이 직접 유지관리도 해야 한다. 일이 년에 한 번씩은 목재 데크에 니스칠을 해야 하고, 다누리골의 외장재가 목재 사이딩이라 색이 빨리 변색되는 관계로 3년에 한 번은 색칠을 해야만 했다. 동절기에는 동파 방지를 위해서도 많은 신경이 써야 하는데 화장실의 물을 조금씩은 틀어놓고 집으로 와야 안심이 될 정도로 관리에 만전을 기해야 한다. 또한, 배관의 문제는 집 내에서만 발생하는 아파트와 달리 집 안은 물론이고 대지 내의 오수나 우수 배관까지도 일일이 확인하여야 한다. 20여 호의 다누리골에서도 매주 한두 곳씩 문제가 생겨 관리하시는 분의 스트레스가 많아서 입주자들을 볼 때마다 주의사항에 대해서 신신당부를 하였다.

다누리골의 주말주택은 조립식주택으로 지붕과 외장재는 목재 사이딩을 사용하였다. 평면은 작은 다락이 있는 원룸 형태로 벽난로가 설치되었고, 집 전면에는 목재 데크가 3평 정도 있었다. 지붕에 처마는 안 만들었고, 어닝을 설치해 놓았다. 다누리골 주택을 몇 년간 살며 유지관리에 많은 공을 들이는 것을 보면서 내가 지을 주택에 대해서 고민하게 되었다.

단독주택의 유지관리는 신축할 때부터 신경을 쓰지 않으면 살아가면서 커다란 스트레스가 될 수밖에 없으므로 구조, 재료, 평면, 입면 등에서 하자 없는 집을 위해 연구를 해야 하는데 다누리골에서 느낀 점을 몇 가지 기술해 본다면,
- 구조적으로 조립식 골조는 단열의 문제가 생길 수 있다.
- 재료적으로 목재로 외장재나 데크에 쓰지 않아야 한다.
- 평면적으로 벽난로를 내부에 만들지 말아야 실내 공기가 좋다.

- 입면적으로 창호는 작게 해서 춥지 않고, 지붕 처마도 설치해야 한다는 것이다.
- 정원은 크게 하면 좋고, 텃밭은 5평 이내로 최소화하여 내가 먹을 정도만 수확한다.

전원생활의 적응은 단순하게 작물을 잘 기르고, 정원을 잘 가꾸는 문제로만 국한했던 것은 안이한 생각이었다. 그보다 더 중요한 전원주택에 대한 이해와 유지관리가 있고, 같이 살아갈 이웃들에 대한 예의와 존중이 더욱 피부로 와닿는 기회가 되었다.

2도 5촌의
전원주택 생활은?

　5도 2촌의 주말주택 생활을 유지하다가 곧 전원주택으로 완전한 귀향을 하려고 한다. 전원은 워라밸이 가능하므로 자유로운 시간을 갖는 직업군과 직장을 마무리한 은퇴자들이 많이 거주한다. 바쁜 직장인이나 사업가들은 주말에 이용을 하는 세컨드하우스로 활용을 하고 있다. 일상은 직장이 있는 도심의 아파트에서 보내고, 주말에만 여행 겸 방문하는 소극적인 형태가 대부분이다.

반대의 경우는 어려운 것일까?
　집을 두 채를 가질 수 있는 여건이 안 된다면, 전원주택을 기반으로 교외에서 살며 도심의 오피스텔을 세컨드하우스로 이용하면 어떨까 생각을 해본다. 주말부부도 많으며 자녀들도 대학에 들어가면 독립하는 시대라 도심에도 세컨드하우스가 많은 게 현실이다. 주 근거지로 전원주택을 택하고 도심에 세컨드하우스를 만드는 것이다.

　수도권의 경우, 교통인프라가 계속 발전하여 GTX까지 완료되면 수도권은 한 시간 내에 서울 도심으로 출퇴근이 가능한 곳이 많아진다. 수도권 외곽의 교통은 거리상으로는 멀지만 체감적으로는 엄청 가깝게 된다. 항상 막히는 서울 도심 내 이동 시간과 비슷한 시간에 직장으로 출근이 가능하다. 교통 발달로 매일 출퇴근이 가능할지라도 도심 직장 인근에 세컨드하우스를 이용하면서, 월요일 출근과 금요일의 퇴근까지의 4박 중에서 일찍 퇴근하는 날은 한두 번 전원주택으로 귀가하는 형태가 되면 2도 5촌이 가능한 형태가 된다. 도심에 일이 있는 주말에도 세컨드하우스를 이용할 수 있다.

　현실적으로 도심의 아파트와 전원주택의 경우 1가구 2주택의 문제도 있지만, 주거비용으로 지출이 매우 큰 형태이다. 중산층에서는 감당할 수가 없는 구조가 된다. 반대의 경우, 전원주택은 그대로 유지한다고 하면, 1가구 2주택에서 자유롭고 가격이 아파트의 25% 정도 시세인 오피스텔을 세컨드하우스로 이용하면 중산층도 생활이 가능한 형태가 된다.

표4. 5도 2촌과 2도 5촌

구분	5도 2촌	2도 5촌
정 의	도심에 살며, 주말 전원주택	전원에 살며, 주중 오피스텔
근거지	도심의 아파트	교외의 전원주택
세컨드하우스	주말용 전원주택	주중용 오피스텔
주안점	전원주택 입지 중요(직장에서 한 시간 / 50km 이내)	
주거비용	도심 아파트와 주말주택 소유	도심 아파트 한 채 비용으로 가능
주요 장점	주중 편한 생활과 주말 힐링	항상 전원에 사는 생활
주요 단점	주말주택 관리 어려움	오피스텔 생활 적응 필요
미래 주거	도심 고밀화 / 아파트 고층화	전원주택 편리성 증가

시 한 편

인생에서 가장 좋은 것은 다 공짜다
박노해

세상에 공짜 점심은 없다고
힘주어 말하는 자들은 다 똑똑한 바보들이다.
인생에서 가장 좋은 것은 다 공짜다.

아침의 시린 공기도
숲길을 걷는 것도
아이들 뛰노는 소리도
책방에서 뒤적이는 책들도
거리의 시원한 미인의 몸매도
아무 바람 없는 친절도
시원한 나무 그늘도 다 공짜다.

인생에서 진실로 좋은 것은 다 공짜다.
돈으로 살 수 없고
숫자로 헤아릴 수 없고
무엇으로도 대체할 수 없는 것이
진정 존엄하고 아름다운 것
삶에서 정말 소중한 것은 다 공짜다

아침에 일어나자마자 마당의 흙을 밟고서 기지개를 켜면서 느끼는 개운한 공기
=〉 그 좋은 공기를 마시며 담배는 왜 계속 피우느냐.
텃밭의 고추, 가지, 완두콩 등의 농작물과 마당의 나무와 꽃들과의 안부 인사
=〉 마당과 텃밭에서 계속 올라오는 잡초로 받는 스트레스.
밭에서 따온 야채들로 만든 샐러드와 내가 기른 콩으로 만든 두유로 간단한 아침
=〉 그전에 아침을 안 먹었던 관계로 이것은 반박이 없이 인정하는 유일한 일.
햇살 좋은 한가로운 오후 데크 아래의 그늘에서 읽는 한 권의 책과 커피 한 잔
=〉 이 양반은 한가롭지만, 나는 집안일과 반찬 만들면 앉아 있을 시간이 없음.
집 앞에 동치미와 호박, 오이 등을 가져다 놓고 가시는 이웃들
=〉 오가야 하는 것이라 받은 만큼 되돌려 드릴 걱정.
별을 바라보며 구워 먹는 삼겹살과 텃밭에서 나온 채소를 먹는 저녁
=〉 모기장 치고 모깃불을 피워도 날아다니는 모기와 날파리들.

내가 우리 집에 찾아오는 사람들에게 전원주택의 장점을 얘기하다 보면, 현실은 다르다며 옆에서 우리 집사람이 잔소리를 하나씩 늘어놓는다. 이런 불만은 나보다는 지인들에게 자기처럼 유혹당하지 말라는 당부였다. 이렇게 집사람의 불만이 엄청난데, 땅을 먼저 알아보러 나선 게 신기할 따름이다.

PART 2.
전원주택 예산의 수립

1장

전원주택 가격 특성

전원주택의 구입 방식은 여러 가지로 나눌 수가 있다. 아파트처럼 분양을 받거나 기존 주택을 매입하는 쉽고 편한 방법이 가장 많다. 건축주가 따로 신경을 쓰지 않아도 되고, 주변 시세와 비교하여 적정한 가격으로 매입을 하면 된다.

건축주가 신축을 생각하면 두 가지 방식으로 나눌 수 있다. 매입한 토지가 개발되어 있는 대지라면 건축만 하면 될 것이고, 개발해야 하는 전답과 임야를 사면 대지로 바뀌는 단지 개발도 같이해야 한다.

대규모의 신도시부터 전원의 소규모 단지개발까지 이미 대지로 만들어진 곳들은 건축만 신경을 쓰면 된다. 개발된 땅은 가격이 비싸게 된다. 대지조성을 하며, 도로, 공원, 녹지, 공공시설을 만드는 비용이 포함되기 때문이다. 이런 공공용지가 많을수록 도심과 가까울수록 비싸다.

전과 답, 임야인 상태의 개발할 땅은 가격은 싸지만, 대지조성을 하려면 설계부터 허가까지 과정이 복잡하다. 허가가 안 될 수도 있고, 기반시설의 인입과 농지(산지)전용부담금도 납부해야 하며, 옹벽을 쌓고 흙의 반입과 반출도 해야 한다.

분양/기존 주택 매입

공동주택과 공급과 같은 방식.
짓고 있거나 살고 있는 주택을 취득.
가장 많은 단독주택 공급 유형.
도심 근교에 제일 많고, 경치가 좋은
외곽에서도 더러는 공급.

주택 신축

대지인 토지를 먼저 분양받는 방식.
도시 근교보다 외곽에 제일 많이 있음.
대지 규모가 200평으로 큰 편임.
다양한 건축물들을 확인할 수가 있음.
토지만 투자로 사두는 사람도 많음.

단지 개발과 주택 신축

전답, 임야를 취득 후 진행하는 방식.
대지조성까지도 건축주가 해야 함.
대지 규모를 조절할 수가 있음.
기존 마을 주변에서 많이 진행.
주변과 조화롭게 진행하는 경향.

토지가격 분석

아파트와 같이 전원주택의 가격도 대지의 위치, 입지 조건, 건축물의 상황 등에 따라 달라진다.

대지의 위치에 따라 달라진다
도심 한가운데일수록, 수도권에서는 서울 진입시간이 짧을수록, 서울에 가까울수록, 서울 가는 대중교통이 많은 곳일수록 비싸다. 아파트도 강남이 제일 비싸듯이 전원주택도 강남을 기준으로 판단이 가능하다. 서울에 가까운 곳의 장점은 교통이지만, 단점은 난개발이다.

입지 조건에 따라서도 달라진다

햇빛이 잘 드는 남향일수록 가격이 비싸다. 산과 강, 공원, 골프장 등 조망이 좋으면 가격이 비싸다. 남향에 한강뷰가 가능한 양평이나 남양주가 인기를 끄는 이유이다. 아파트도 같은 단지라도 남향을 분양받으려고 하고, 한강과 공원 조망이 가능한 동·호수는 희소성이 있어 최고가를 형성하듯이 전원주택도 동일하다. 경사지의 조망이 좋은 곳이 인기이지만, 역시 난개발의 우려가 있다.

건축물의 상황에 따라서도 다르다

아파트도 단독주택도 이왕이면 신축이 제일 인기가 많고 비싸다. 신축건물은 자재와 인건비는 계속 높아져 건축비용도 비싸지만, 신자재와 신기술로 지어져 보다 더 살기 좋은 건축물이다. 별장형이나 주말형 전원주택일수록 고급 자재의 특별한 건축물을 선호하고 대형으로 많이 짓지만, 효용성은 작다.

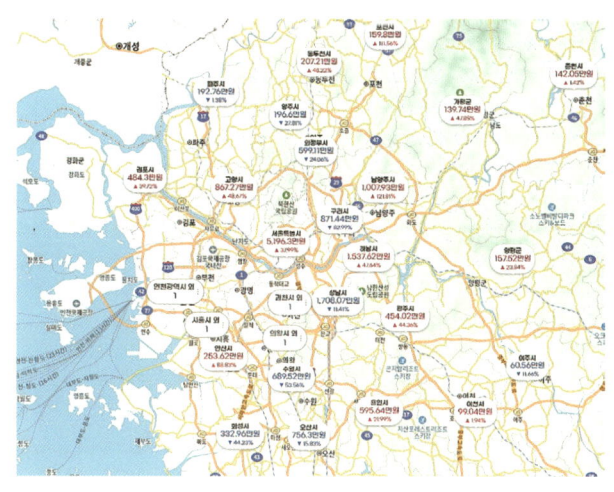

수도권의 전체적인 평당토지가격, 전원주택지는 평균보다 싼 편이다.

전원주택의
유형 분류와 특징

　전원주택을 답사해 보면 토지의 유형을 5가지 정도로 나눌 수가 있다. 각각의 유형은 여러 특징을 가지고 있기에 분류를 해보았는데 이런 유형에 맞지 않는 경우도 있다. 유형별 분류는 전원주택을 원하는 사람들이 자기에게 맞는 곳을 찾는 데 도움이 될 것 같아 나누었다. 이 5가지 유형은 토지의 형태에 따른 분류이며, 주택가격은 대지의 위치나 입지 조건과 건물의 관리 상태 등으로 결정이 된다.

별장형 주택: 토지매입 + 대지조성 + 건물 신축

전원주택에 관심을 가지고 잡지와 인터넷, 유튜브를 보다가 보면, 산 중턱이나 강변의 그림 같은 주택들을 많이 접하게 된다. 햇볕이 내리쬐는 남향에다가 경치가 좋은 곳에 당연스럽게 이런 멋있는 집들이 들어서 있고, 누구든 한번 살고 싶다는 욕망이 솟구치게 되는데 직업이 건축사인 나에게는 더욱더 그렇다. 이런 주택들은 별장형 주택이거나 펜션으로 많이 활용하고 향과 조망을 다 갖춘 곳이 많다. 강과 호수가 보이는 높은 곳에 위치하거나, 강가에 위치하여 대지 조건 자체가 넘사벽이다. 토지의 가격은 매우 비싼데 향까지 남향이면 주변의 시세와는 비교가 안 되는 가격에 거래가 된다. 또한, 토지의 규모도 보통은 500평 이상으로 매우 크다.

하지만, 토지 답사 시에 부동산에서 이런 주택을 권유하면서 가격도 신축보다 싸다고 많이 추천을 많이 한다. 주택 신축이 목표인 내게는 기존 주택은 관심 대상이 아니었고, 주택 규모가 내가 감당할 수준이 아니었다. 이런 주택 중 싼 매물들 대부분 향이 안 좋거나, 집의 규모가 너무 큰 상황이라 보기에만 좋을 뿐이다. 향후, 처분할 경우에 손해를 크게 보게 되고, 매매 자체도 어려워 자산 가치가 없다는 걸 피부로 느끼기에 충분하였다. 고가의 대규모 전원주택인 별장형 전원주택은 거주할 주택으로는 적당한 대상이 아니며 추후에 골칫덩어리가 될 수도 있다.

전원형 주택: 대지 취득 + 건물 신축

전원형 주택은 이미 대지로 만들어 놓은 것이라 건축주 입장에서는 건물 신축만 하면 된다. 별장형 주택이 들어설 곳이나 시골 마을 근처에 여러 집이 들어설 수 있도록 단지로 개발한 토지들이 여기에 해당이 된다. 이런 곳은 별장형 주택보다는 많은 사람들에게 예산상으로 접근이 가능할 여지가 생긴다. 이런 단지는 보통 자연녹지나 보전관리지역에 많이 들어서고 대부분은 200평으로 대지를

분할하며 조성한다. 이유는 건폐율에 있는데 건폐율이 20%이므로 1층 30평이면 최소한 150평의 대지가 필요하다. 여기에 도로 지분이 대지의 10~15%가 추가되면 200평으로 많이 한다.

별장형 주택과 마찬가지로 전원형 주택들은 대형으로 짓는 경우가 많고 멋진 디자인을 지향하는 주택들이 많다. 우리나라 토지주나 건축가들은 토지의 건폐율과 용적률을 최대한으로 확보해야만, 지불한 토지가격이 합당하다고 생각을 하여 소규모 주택보다 최소 50평 이상인 집을 짓는 경우가 많다. 토지에 맞는 집 말고 자기에게 맞는 주택을 짓기를 바라본다.

단지형 주택(타운 하우스) : 분양

도심지 가까운 곳에 분양을 하는 단지로 주택까지 지어서 파는 곳들이다. 입주자의 수요가 풍부한 곳이기도 하다. 이런 주택들은 계획관리지역에 많으므로 건폐율이 40%로 높고 토지는 100평 이

내로 구획을 한다. 동일한 패턴의 건물이며 2층 이상으로 평수가 크고, 마당과 텃밭의 규모를 작게 만든 곳이 대부분이라 도시의 단독주택과 별반 다르지 않았다. 은퇴 후 전원생활보다는 젊은 부부들이 자녀들과 함께 단독주택의 이점을 누리고 사는 형태에 알맞은 곳이다. 그래서인지, 입지나 인프라가 좋은 곳은 활력이 넘치는 반면에 그렇지 않은 곳들은 너무 썰렁한 곳이 많았다. 조경과 집의 관리 상태를 관찰해 보면 많은 차이를 보인다.

장점으로는 분양을 받는 형태이므로 집을 짓는 스트레스에서는 벗어날 수가 있으며, 위치나 입지가 좋은 곳도 많이 있어 아파트 생활이 안 맞는 사람에게는 좋은 선택지가 될 수가 있다. 단점은 도심지 단독주택과 별반 다르지 않아서 옆집과 거리가 가까워 개인 프라이버시가 가장 큰 문제가 되므로 이웃과의 관계가 아주 좋아야 한다. 또한, 각 집 구조도 아파트와 흡사한 경우가 많으며, 대지가 작아 건축 면적을 늘리려면 2층, 심하면 3층으로 건축을 하게 되므로 젊은 층에게는 맞지만 나이 든 사람들에게는 불편함이 크다. 대지면적이 작아서 마당+정원+텃밭을 가꾸는 생활을 하기에도 무리가 있는 아쉬운 면이 있기도 하다.

마을형 주택 : 토지매입 + 대지조성 + 건물 신축

　기존 마을 안의 땅을 사서 신축하거나, 기존 주택을 매입해 철거 후 신축 또는 리모델링 하는 경우이다. 마을 안에 땅을 사서 신축을 하면 마을 분위기에 맞추고 주변 환경에도 맞게 건축해야 하므로 외관의 형태나 건물 디자인을 개성 있게 하기가 어려운 점이 있다. 기존 주택을 매입해서 리모델링하는 방법도 있다. 기존 주택들은 대부분 단층으로 지은 건물이고 건물 배치가 자유로우며 마당도 넓게 있는 편이어서 리모델링이 좋은 선택일 수도 있다.

　기존 마을 근처에도 전원형 단지나 단지형 주택들도 많이 지어지고 있다. 그 이유는 상수도, 하수도, 전기, 통신, 도시가스 등 기반시설을 사용할 가능성이 많기 때문이다.
　이런 기반시설을 사용할 수 있는 기존 마을 내 토지가 거주 목적이라면 가장 좋은 편이다. 기존의 마을들은 평지에 많이 위치하므로 조망에 있어서는 불리할 수가 있고, 축사나 공장 등 기피시설이 있을 수가 있다. 답사 시에는 동네 전체를 살펴보면서 동네 이장님을 만나보는 것이 필요하다.

체류형 쉼터 : 농막·컨테이너·비닐하우스

답사를 하다 보면, 농막이나 컨테이너, 비닐하우스가 있고, 토지에 돌쌓기를 하기도, 나무를 심어놓기도 하면서 텃밭을 가꾸는 곳을 목격할 수가 있다. 건축이 불가능한 지역이고 맹지일 수도 있지만, 거의 대부분은 땅을 꾸미며 주말에 방문하면서 힐링하는 장소로 활용한다. 대부분 남향에 경사도 급하지 않은 곳에 있으며, 도로 개설과 기반시설이 들어와 주택을 편하게 지을 수 있기를 학수고대하는 땅들로 투자 목적으로 미리 구입한 것이다. 위치는 더할 나위 없이 좋으니 개발이 되면 몇 배의 토지가격 상승이 가능할 수가 있을 것이다.

2024년에 체류형 쉼터가 법으로 규정되어 관심이 집중되고 있다. 그동안 주거 기능이 없어 아쉬웠던 농막에 주거 기능을 부여함으로써 불법적인 농막을 활성화하는 것이며, 새로운 주말주택으로서 농어촌 활성화를 위해 만든 것이다. 도시인들이 시골로 발길을 옮기는 좋은 방안으로 나타나면 좋겠지만, 또 다른 난개발이 될 수가 있어 우려가 되고 있다.

주택 유형별
건축공사비 분석

    전원주택지의 유형에 따라 그곳 환경과 어울리는 건축물을 지어야 한다. 별장형에는 멋진 건축물을, 전원형과 단지형 대지에도 그곳과 어울리는 주택들이 들어서야 한다. 단지형에서 주택을 미리 지어 분양하는 이유 중 하나는 토지가 작고 이웃집과 붙어 있어 한 사람이 엉뚱하게 건축을 하면 단지 전체의 컨셉을 망치기 때문이다. 마을형과 빈집, 빈터의 토지에서도 주변 자연과 조화를 우선으로 신축을 하여야 한다.

별장형 주택

    산 중턱이나 강변의 그림 같은 별장형 주택은 규모 면에서 50평 이상인 건축을 하고 큰 창과 특별한 디자인을 하므로 철근콘크리트

구조로 건축을 많이 한다. 철근콘크리트구조는 평당 천만 원 이상이 들고, 규모가 50평이면 5억이 기본이 된다. 공사비에 영향을 주는 현장의 여건도 도심에서 멀고 길이 험해서 별장형 주택은 불리하다. 특별한 건축 자재나 특별한 구조로 많이 짓기도 하는데, 이 경우 50평이라도 공사비는 약 1.5배인 7억 5천만 원이 필요하다. 또한, 경사가 급하면 절성토가 많아지고 옹벽 높이도 높아져서 대지조성에도 많은 비용을 별도로 투입해야 한다. 상하수도 등 기반시설의 인입비용도 거리가 멀어질수록 많은 투입이 필요하다.

전원형 주택

단지개발 한 전원형 주택도 규모는 50평 이상으로 건축하고, 구조는 철근콘크리트와 목조를 비슷하게 사용한다. 별장형처럼 특수한 자재나 구조를 사용하지 않는 경우에 철근콘크리트로는 평당 천만 원으로 5억, 목조로는 평당 750만 원으로 3억 8천만 원이 필요하다. 전원형 주택은 대지조성과 기반시설은 토지가격에 포함된 경우가 많으므로 추가적인 비용은 투입되시 않는 것이 장점이다. 전원형 주택은 대지 매입에 따라서 많은 차이가 발생하므로 대지구입 시 신중에 신중을 기하여야 한다. 잘못 샀다고 판단하는 순간에 건축은 못 하게 되고, 대지는 매매가 어려우므로 자신에게도 단지 입주민에게도 최악이 된다.

단지형 주택

도시 교외에 위치하는 단지형 주택은 입주 대상이 젊은 층이 많아 방 3개, 화장실 2개, 넓은 주방과 거실을 적용하면 40평 정도를 기준으로 골조 형식은 경량 목조로 한다. 거주하는 젊은 층 대상이라 입지 조건이 양호한 곳에 위치하고, 건축 후 분양하는 방식으로 한 번에 많은 주택을 짓게 되므로 건축비는 적게 들어간다. 도심에 가까울수록 공사 여건도 좋으며, 여러 채를 지어 규모도 크고, 2~3층의 사각형 건물이라 공사하기 쉽고, 공사 일정도 자유로워서 건축비는 훨씬 줄어든다. 750만 원이 들어가는 한 개 동 단층의 목조 공사비의 80% 정도로도 가능하다. 따라서, 2층으로 40평 건축 시 2억 5천만 원 정도가 건축공사비이고, 분양가에서 건축비를 빼면 해당 단지의 토지가격으로 추정할 수가 있다.

마을형 주택

기존 마을에 들어서는 마을형 주택은 기존 주택들과 조화를 위주로 단층형의 목조나 경량철 골조로 많이 짓고 있다. 규모도 25평 정도로 기존 주택들과 비슷하게 지으면 좋을 것이다. 기본 공사비만으로 신축이 가능하므로 평당 750만 원인 경량 목조는 1억 9천만 원이 들고, 평당 600만 원인 경량철 골조는 1억 5천만 원의 비용이면 가능하다.

체류형 쉼터

농지나 임야에 지어지는 것으로 주변 여건에 따라 공사비의 차이가 있을 수 있지만, 가설건축물로 분류가 된다고 보면, 대부분 경량철 골조로 할 것 같다. 경량철 골조로 10평이면 6천만 원이면 가능하고, 지하수나 오수 정화조 등은 따로 설치해야 할 것이다.

에피소드 7

전원주택이 공사비가 평당 천만 원?

"전원주택 철근콘크리트구조 신축 비용이 평당 천만 원이면 너무 비싼 거 아냐?"

"40평이면 4억이나 들어가네. 아파트보다 비싸네."

생각보다 비싼 전원주택 신축 비용을 아파트와 비교하면서 하는 말들이다.

아파트는 언론에서 평당 700만 원이 넘는다 하니 전원주택 평당 천만 원은 비싸다고 생각하지만, 실상은 연면적 기준으로 하는 것이기 때문에 아파트의 공용면적까지 포함한 가격은 거의 1천400만 원이 되는 것이다. 전원주택은 공용면적이 거의 없다.

코로나 시대를 지나면서 전원주택 자재와 인건비가 올라 공사비용은 많이 올랐고, 단독주택의 단열 등 품질기준을 공동주택과 동일하게 건축하도록 법이 개정되어 이전보다 조금 더 상승하게 되었다.

요즘 전원주택의 2/3는 경량 목조로 지어지는데 비용은 평당 700~800만 원이다. 비용이 더 저렴한 조립식주택은 평당 600만 원 정도에도 가능하고, 철근콘크리트는 천만 원이 기준이 되었다.

2장
나에게 맞는 예산 수립

전원주택 구입을 위해서 예산을 수립할 때 고려할 사항은 토지비와 건축비만 있는 것이 아니다. 취득세와 같은 각종 세금과 설계비 등의 부대비용이 많이 발생한다. 또한, 전원생활 비용도 감당이 가능한지를 고려해야 한다. 아파트 생활과는 달라서 주거비용으로 매달 들어가는 돈이 꽤 많다.

건축이 즉시 가능한 대지를 구입하면 취득세나 중개 수수료 정도면 되지만, 임야나 전답을 구하면 대지로 바꾸면서 들어가는 비용들이 많아진다. 농지(산지)전용부담금과 개발행위허가를 위한 설계비와 측량비, 대지공사비 등의 부대비용이 들어간다.

전원생활 비용에서 무시하기 힘든 주거비용의 절감을 위해서는 적절한 건축의 규모를 검토하고, 냉난방비를 절약하기 위한 단열성능의 확보와 적정한 창호 크기를 건축 시 반영하여야 한다. 대형 건축과 대형 창호는 멋지게 보이지만, 주거비용 측면은 매우 불합리한 선택이 된다.

대지조성비

토지 매입비.
농지(산지) 전용 부담금.
기반시설 인입비.
대지조성 공사비.

건축비

구조 형식에 따라 다르다.
건물 형태에 따라 다르다.
단층과 복층도 비용이 다르다.
내·외장재 재료에 따라 다르다.

주거 생활비

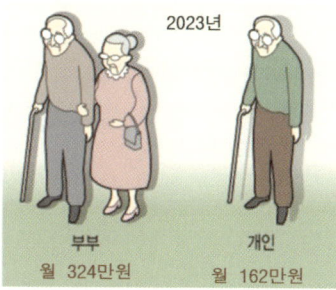

노후에 적정한 생활비?
한국50대 이상 고령자가 생각한 적정 생활비
2023년
부부 월 324만원
개인 월 162만원

주택 규모가 중요하다.
주택의 단열성능이 좋아야 한다.
건물 수선이 편해야 한다.
야외공간의 관리에도 비용이 든다.

주말주택과
거주주택

　도심 생활, 5도 2촌 생활, 2도 5촌 생활, 전원생활 등 여러 가지의 삶이 존재한다. 거주주택과 다르게 주말주택은 주거 성능보다는 전망 좋은 카페처럼, 펜션처럼 꾸미는 경우가 매우 많다. 세컨드하우스는 뭔가 특별한 것으로 만들려는 생각을 가지게 된다. 이 차이가 추후에 많은 문제를 야기할 수도 있기에 논해보고자 한다.

　주말주택과 거주용 주택을 비교해 보면,
　<u>거주주택</u>은 분양받아 입주하는 단지형 주택에 많고, 단지 개발한 대지에 분양받거나 신축한 곳에서 많다. 기존 마을의 신축하는 주택도 대부분은 거주를 목적으로 하지만, 은퇴 이전에는 주말용으로도 많이 사용한다. 이런 주택들은 비용도 적게 들고 사용에 실용적

인 목조를 많이 사용하고, 디자인도 주변과 조화를 생각하고 건축을 많이 한다.

<u>주말주택</u>은 향보다 조망이 우선하고, 급경사지 또는 골짜기 깊숙한 나 홀로 주택들도 대부분 주말용이다. 단지로 개발한 곳과 마을 안에 주택들에서도 주말주택이 꽤 많다. 주말주택은 디자인과 조망에 초점을 두고 건축을 하여 대형 평형의 철근콘크리트구조로 많이 짓고, 비용을 많이 들어간 곳이 많다. 농막이나 컨테이너 등만 설치하고 토지를 서서히 대지로 변경하는 투자 개념에 우선한 곳도 많이 보인다. 이처럼 주말용과 거주용 주택은 위치적으로나 건축물 형태에서 많은 차이가 있다.

전원주택 매매가 어려운 것은 주말주택에서 나타나는 현상이다. 거주주택의 가격이 조금 더 안정적이고 매매의 확률이 높다. 거주주택은 주말주택으로 사용 가능하지만, 주말주택은 거주용으로 사용하기 힘든 주택들이 많기 때문이다. 거주 목적이면 위치와 입지도 더 고민하고, 향과 주변 상황을 면밀하게 체크하는 경우가 많고, 건축공사 시 건축주가 시공 과정을 확인하기에 꼼꼼한 공사가 된다.

<u>전원주택</u>은 보통 도시 외곽이나 시골에 위치하여 도시화가 되어도 생활편의시설들과 대중교통망의 개선이 더디어 가격은 정체되거나 떨어지는 상황이 된다. 주말주택으로 5도 2촌의 생활을 하던 사람들이 은퇴하게 되면, 경제적으로도 생활방식에서도 선택의 기로에 놓이게 된다. 도심 아파트와 전원주택 중에서 한 가지를 택해

야 하는 시점이 점점 다가오는 것이다. 대부분 가격이 오르는 아파트보다는 전원주택을 포기하려 하지만, 처분이 어렵기 때문에 계속 유지를 하면서 세월이 해결해 주길 기다린다.

주말주택이라도 남향 배치를 기본으로 하면서 주택 설계와 시공도 거주주택과 같은 범주에서 진행하는 것이 좋다. 주말에만 누구의 방해 없이 아주 조용한 곳으로 장소를 한정하는 것도 안 된다. 은퇴를 하든, 일이 생겨 처분을 하려 하는데 매매가 전혀 안 되는 상황이 될 수가 있다. 살기에 불편한 주택을 누가 사려고 하지 않을 것이다. 이런 주택들이 매물로 많이 쌓여가고 있는 게 현실이다.

은퇴 후 하는 마지막 투자는 되돌리기가 어렵다. 마지막 노후 자금으로 구입하는 전원주택은 절대 실패해선 안 되는 것이므로 가진 예산에 따라 다르겠지만 대지의 위치와 입지, 건물의 배치 상황, 건축 규모와 유지관리까지 어느 하나도 놓치면 안 되는 중요한 사항이다. 이런 노력이 들어갈 경우에만 매입하거나 신축을 하여도 후회하지 않고 즐거움이 있는 노후생활이 될 수가 있다.

가족들의 선택

　3년간의 주말주택 이용 후 우리 부부는 은퇴 후 전원주택 생활로 마음을 굳히고 가족들과 상의를 하게 되었다. 먼저, 어머니는 현재의 집에서 전혀 움직이실 마음이 없다. 아파트 노인회의 부회장님으로 입지가 단단하시고, 동네 친구들과의 모임이 많으셔서 다른 곳으로 이사는 절대 불가다. 또 한 가지는 단독주택에서 생활하던 젊은 시절의 고달픈 생각 때문에 아파트 생활에 매우 만족하는 상황이다.

　아이들은 아파트에서 태어나고 직장인이 된 지금까지 아파트 이외에서는 살아본 적이 없다. 단독주택에서 살려는 엄마, 아빠가 이상할 뿐이다. 또한, 지금 살고 있는 동네에서 15년을 살아서 다른 곳의 아파트로도 가기를 싫어한다. 많이 정들었는지 직장도 집 근처로 잡아서 다니고 있다. 한 가지 우리 부부가 전원으로 가면 독립의 기회가 생기게 되어 좋아하는 정도이다. 아이들이 빨리 독립하길 바라보지만, 요즘 세대에겐 참 힘든 일이 되었다. 직장이 많은 곳의 주택가격이 너무 많이 올라버렸다.

가족들은 우리 부부가 현재처럼 주말주택에 살듯이 은퇴 시에도 현재의 아파트를 계속 유지하기를 바랐다. 가족들이 찬성하면, 아파트 매매 자금으로 향과 조망이 좋은 곳에 꿈꾸던 집을 건축할 수가 있어서 기대하였지만, 어머님과 아이들은 도시의 아파트가 편하고 살기에 좋은 것이다. 가족들의 선택은 당연한 것이라 아파트는 계속 유지하려 하고, 진행해야 했다. 가족들은 은근히 도시 탈출을 중단하기를 바랐다.

아파트 매매 없이 전원주택을 지어야 하지만, 우리 부부의 선택은 확고하였다. 전원에 적응이 되었기도 하고, 전원에 살면서 우리 자녀나 손자·손녀들에게 다양한 삶의 방식을 알려주고 싶기도 하다. 아날로그적인 생활과 직접 자연을 접하는 시간, 오고 가며 건네는 인사할 이웃들이 있는 고향을 느끼게 해주려고 한다.

지금의 MZ세대는 맞벌이를 하는데도 불구하고, 결혼 비용이 만만치 않고, 꿈이 되어버린 아파트 구입은 매우 어렵고, 자녀를 낳으면 양육하기도 힘들어진 세대가 되어버렸다. 우리 아이들이 결혼하면, 현재 살고 있는 직장 근처 오피스텔에서 신혼생활을 하고, 아이를 낳는다면 우리를 따라서 이곳으로 내려오길 바라본다. 아이가 태어나면 직장이 바쁠 때 오피스텔에서 2도(월/목)를 하고, 작은 전원주택에서 5촌(금, 토, 일/화, 수)의 생활을 하면 우리가 도움을 줄 수가 있을 것이다.

에피소드 8

우리 아파트 안 팔 거지?

은퇴 후 생활을 위해 이천에 전원주택을 짓게 되니 큰아이가 조심스럽고 단호하게 물은 것이다. 현재 아파트에서 15년을 살고 있다. 신도시 아파트라 살기 편한 곳이라 계속해서 살았으면 하는 게 어머님과 아이들 생각이다. 초등학교 때 전학 와 어느새 대학까지 졸업하고 취업을 했으니 아이들의 고향이다. 이미 많은 동창생들이 이곳을 떠나갔으니 우리도 그럴 상황이 될 것을 우려하는 것이다.

동네 친구들이 많이 줄었으나, 남아 있는 그들끼리 점점 더 친해져 보기에 좋다. 동창생, 동네 친구들 참 좋은 말이다. 나의 동창들과 동네 친구들은 다들 잘 살고 있으려나? 자주 떠오르는 친구들이 있으나, 소식이 끊긴 사람들이 대다수이다.

예산의 확정

 우리는 도심지 아파트를 팔 여건이 안 되기에 가용 예산에는 한계가 있었다. 예산의 확보를 위해 아파트 대출도 생각을 했지만, 은퇴가 얼마 안 남은 시점에 자녀의 결혼이나 부모님 건강을 생각하면 아파트는 최후의 보루로 남겨놓으려고 한다.

 우선, 언제든 토지 매입을 위해 몇 년간 가지고 있던 현금 1억 5천만 원 이내의 토지를 구입하려고 한다. 이 돈을 몇 년 동안 토지 매입을 하려고 투자도 못하고 현금으로 가지고 있던 아쉬움이 매우 크다.

 전원주택지의 토지는 투자가치가 있는 부동산으로 인식되고 있다. 전원에 건축하지 않은 나대지의 땅들은 향후 오를 가능성이 많다는 생각을 가지고 누군가 이미 투자를 한 상황인 것이다. 예산의 한계가 있으나, 주택지로 좋은 터가 기본이고, 예산이 초과되면 토지 면적을 줄이는 것으로 접근을 하려고 한다. 전원주택에서 토지 비용은 아낄 필요가 없다. 좋은 토지는 비싸게 매매되고 꾸준하게 찾는 사람들이 있기 때문이다.

건축물은 사용할수록 감가상각이 발생하므로 과다하게 투자하면 후회될 수가 있다. 토지비는 투자비용이지만, 건축비는 주거생활비용인 것이다. 토지가격이 주거생활비만큼 올라주면 좋겠지만, 사람들이 몰리는 도심이 아니라 기대하지 않는 게 좋다.

토지비와 건축비를 놓고 예산을 짠다면 토지비에 더 큰 비중을 두는 것이 좋다. 내 생각으로는 무조건 토지비로 50% 이상을 사용해야 한다. 건축비를 더 많이 사용하면, 후회할 수밖에 없는데, 전원주택 중에서 주말주택의 대부분이 이런 경우에 해당된다. 쉽게 말하면, 3억 토지비용에 건축비로는 5~6억 이상을 두자한 대형 주택들이다.

전원주택 구입을 위해 다니면서 대형 주택 매물들이 많은 상황을 알게 된 터라 소형으로 지을 계획이었고, 자녀와 어머님이 동행을 안 하기로 하면서 부부만의 건물 규모는 20평 내외만 있어도 가능할 것이어서 건축비로 토지비와 같은 1억 5천만 원은 적정할 것으로 판단하였다. 자금이 없는 건축비는 대출로 충당하려고 한다. 다누리골의 연세가 600만 원이므로 그 정도의 대출이자는 감당이 될 것이고, 은퇴하면서 퇴직금으로 대출금을 갚으려고 하였다. 은퇴 전에 갚게 되면 더없이 좋을 것이다.

도심 근교에 있는 현장으로 진입도로도 원활한 지역에 20평의 단층주택을 신축할 때를 가정하고, 2023년도에 도시 인근에서의 공사비는 대략 다음과 같다.

- 자유로운 디자인과 3층 이상 가능한 철근 콘크리트 구조는 평당 1천만 원 이상
- 가장 많이 지어지고 있는 경량 목조주택도 평당 750만 원
- 가성비가 높다고 생각하는 경량 철골조나 모듈러주택도 평당 600만 원

1억 5천만 원의 예산은, 단층 클래식한 시골집이 적합하다. 건물 구조는 경량 목조나 경량 철골조로 해야 가능한 상황인데, 경량 목조로는 20평이 가능하고 경량 철골조를 적용하면 좀 더 큰 25평이 가능한 상황이 되었다. 2023년 경량 목조는 평당 750만 원, 경량 철골조는 600만 원 정도의 예산이 들었다. 우리는 좀 더 자연 친화적이고, 단열성에 유리한 경량 목조로 20평을 신축을 결정하였다. 20평이면 우리 부부의 전원생활에 맞는 공간을 만들기에 충분하여 확정하게 되었다.

전원주택에서의
생활비용

　전원생활을 하면 도심에서의 생활비보다 많이 줄어드는 것은 일단은 맞는 얘기다.
　시골에서는 외식과 쇼핑, 여행을 하고 싶어도 멀리 가야 하고, 집을 비우기가 힘들어서 자연스럽게 줄어든다. 안 해서 불편하다기보다는 굳이 해야 할 필요성을 못 느낀다고 보는 것이 좋을 것이다. 전원에 살면 좋은 옷은 경조사 때나 필요할 뿐, 외식과 쇼핑, 여행을 자주 안 하므로 좋은 옷은 많지 않아도 된다. 또한, 5평의 조그만 텃밭에서 키운 채소는 의외로 양이 많아 요리를 하다 보면 외식은 먼 나라 얘기가 된다. 외식을 하는 것은 가끔 도시의 맛이 생각날 때 짜장면과 냉면, 순댓국과 족발, 치킨 정도일 뿐이다. 그러므로 의식주 생활 중 의, 식에서는 많은 비용이 줄어든다.

그러나, 전원생활의 주거비용은 얘기가 많이 다르다. 주말주택 생활을 5년간 하면서 두 집 살림을 하다 보니 전원생활비가 의외로 많이 들었다. 두 집 살림이라 표현한 것은 주말주택에서도 전기, 수도, 난방비를 따로 부담을 하기 때문이다. 5평의 주택인데 평당 1만 원 이상이 들었는데 아파트의 평당 관리비보다도 비싼 것이다. 집의 규모가 동일한 경우는 전원주택이 더 들어간다. 5도 2촌의 생활을 하면서도 건축면적 대비한 주택 유지관리비는 평당으로 환산하면 주말주택이 더 많이 들어갔다.

현재 아파트 생활비보다는 적은 비용으로 생활이 가능한 전원주택을 지어야 한다. 아파트는 보통 평당 1만 원을 안 넘기 때문에 전원주택도 1만 원 이하가 되도록 단열과 난방이 철저하게 시공된 주택으로 신축을 하여야 하며, 야외생활이 많은 점을 감안하여 주택의 규모도 줄이는 것이 좋다.

또한, 전원주택은 나의 개성과 디자인이 발휘되는 집이라 가구나 가전제품 등의 살림살이와 내·외부 인테리어에도 많은 신경을 쓰게 된다. 아파트의 실내보다 다양한 공간이 생기므로 신경 쓰고 공들인 만큼의 차이가 표출이 되기 때문이다. 아파트에 없는 많은 야외공간에도 계속 비용이 든다. 마당 데크와 파고라, 야외 탁자와 의자들부터 정원의 나무와 꽃들과 텃밭의 작물에 들어가는 비용도 무시하기 어렵다.

부부가 생활하기에 적정한 규모인 20평으로 건축을 하고, 겨울철

난방비 15만 원 이하로 유지관리가 가능한 주택을 신축하는 목표를 가지고 진행하려고 한다.

에피소드 9

전원주택 짓는다면 16평이 적당하네

우리 부부의 주례를 맡으셨고, 대학 은사님이신 강병근 교수님과 "고향 만들기"란 프로젝트 진행을 위해 여러 차례 자문할 당시 교수님이 하신 말씀이었다.

부부끼리만 사는 전원주택은 내가 살아보니 16평이 제일 적당하니까 쓸데없이 큰 평수로 짓지 말라고 신신당부하셨다. 남는 돈으로 땅을 좋은 곳으로 택하라고 조언을 해주셨다.

교수님은 50평 정도의 꽤 큰 전원주택에서 오래 생활하셔서 이해하기 어려웠는데 자녀들이 분가한 이후로는 큰 주택에서 거주하기가 힘들다 하셨다.

| 시 한 편 |

저녁이 있는 삶

작자 미상

내가 살고 싶은 집은
아주 작은 집이면 좋겠다
아궁이가 있고
소리내어 웃을 수 있는 그런 집
아주 작은 밭이 있어서
감자 몇 개, 고구마 몇 개 심고
또 토마토, 오이도 몇 개 심어
여름이면 오이지게 먹고
겨울이면 김장 담그는
그런 집

저녁이 있는 삶
감나무 그늘 아래
나비가 날고
개구리 울음소리가 들리고
저녁이면 솥뚜껑 열어
밥 퍼내어 먹을 수 있는 그런 집
한가롭게
차 한 잔 마실 수 있는
저녁이 있는 삶

직장생활 하면서도 저녁이 있는 삶이 가능한 시대이지만 우리 세대에서는 그것을 실현하지 못했다. 우리 아이들에게 전원생활을 하면서 자연에서 느끼는 삶도 있고, 진정한 저녁이 있는 삶을 구현할 고향의 부모님 집이 있다는 것을 알려주고 싶다.

스스로 자기 집을 어떻게 가꾸어 가는지?
정원의 나무와 꽃들은 어떻게 잘 자라는지?
텃밭의 작물들은 우리에게 무엇을 가져다주는지?
지역의 각종 축제에서는 무슨 행사를 하며, 누가 출연하는지?
TV나 각종 매체의 유명 연예인들 보다는 이런 소소한 곳에서 스스로 참여하는 그런 프로그램들과 함께하는 저녁이 있는 삶이 되길 원한다.

PART 3.
내게 맞는 땅을 찾아라

1장
땅을 답사하다

답사를 논하기 전에 토지 구입이 얼마나 중요한지, 땅의 선택이 모든 것을 좌우할 수 있다는 것을 알고 답사에 만전을 기해야 한다는 것을 말하고 싶다.

내가 처음에 전원주택지를 찾으러 다닌다 하니, 무작정 말리는 사람도 있었고, 계약 전 자기에게 꼭 물어보라고 한 사람도 있었는데 땅을 사놓고 후회를 했던 분들이었다. 주변에 의외로 많은 사람들이 투자든 상속을 받든 토지들을 가지고 있었고, 활용하기 힘든 토지들이라서 손도 대지 못하고 있어 후회와 고민을 하고 있었다.

- 공동지분으로 인수한 토지라 마음대로 할 수가 없는 땅
- 살 때는 좋아 보였지만 막상 주택허가가 힘든 땅
- 주말주택으로 지어놓고 다니다가 아니다 싶어 내놓은 땅
- 상속받았지만 거리가 멀어 1년에 한 번 가보기 힘든 땅

우리나라 사람들은 부동산 특히, 아파트와 땅에 관심이 지대해서 투자에 공격적이다. 돈이 될 듯하면 무조건 분양을 받는 경우를 흔히 볼 수가 있다. 이런 투자 방식에서 전원주택지를 택하는 경우 많이들 후회하고 있으므로, 철저하게 검토하여야 한다. "이 땅의 주인이 나다."라는 확신이 들기 전에는 결코 계약을 하지 말아야 한다.

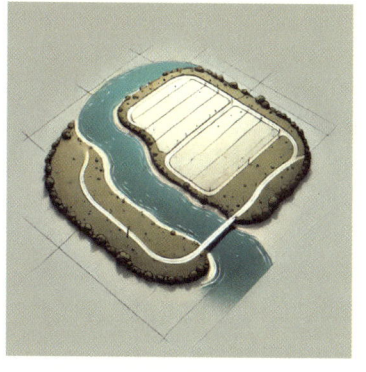

맹지가 아닌데 맹지
도로가 연결되면 건축 가능한 게 아니다.
우·오수가 도로나 하천으로 연결되어야 한다.
경사가 심한 급경사지도 허가가 어렵다.

집 지을 생각이 없어진 땅
연고지나 도심에서 거리가 먼 곳.
가는 길이 길고 좁은 곳.
경사가 심해 옹벽이 많은 곳.
햇빛이 잘 안 들어오는 곳.

지역민의 텃세
귀향보다는 귀농의 경우.
외지인이 거의 없는 마을.
무조건 반대는 아니고 이유는 있다.
도로나 상하수도는 지역민의 노력.
무임승차로 볼 수가 있다.

토지 답사 방법

 토지 답사를 시작하면, 자신만의 토지에 대한 정확한 기준을 확정하고 다녀야 한다. 이런 기준을 부동산이나 주변 사람들에게 알리게 되면, 기준에 맞지 않는 곳은 방문할 필요가 없게 되어 시간과 노력의 낭비가 줄어든다. 또한, 답사 현장에서 어느 한 가지 조건에 의해 자기가 정한 기준에 위배되는 땅을 덜컥 고르고 후회할 우를 범할 일이 줄어든다. 전원에 방치된 많은 땅들 중에는 투자를 위해 사놓은 땅도 있지만, 자기와 맞지 않는 땅을 이렇게 혹해서 구입하여 이러지도 저러지도 못하는 경우가 허다하다.

 토지를 알아보러 다니면서 터득하게 된 것은 토지의 입지나 그 땅의 실제상황 등을 보다 더 편하고 다양하게 알 수 있는 유익한 사이트가 다수 존재한다는 것이었다. 그중에 제일 보기 편리하고 유용한 사이트 두 곳을 소개하려 한다.

먼저, "토지이음"은 부동산에서 연락이 오면 가장 먼저 확인하는 곳이다. 토지의 모든 정보가 여기에 담겨 있다. 토지 위치는 물론, 주변 토지와의 관계, 공시지가, 용도지역. 용도지구, 허가 가능한 건축물, 제한되는 사항들, 건폐율과 용적률 및 층수도 여기에서 확인하고 진행하는 것이다. 부동산에서 먼저 확인하지만 알고 가는 것과 모르고 대응하는 것은 천지 차이가 날 수 있고 부동산에 추가 확인도 가능하다.

토지이음의 자료 화면

다음으로는 "디스코"라는 사이트인데 토지 정보도 물론 있지만, 이곳의 장점은 주변의 토지거래의 현황을 자세히 알 수가 있다. 토지가격은 부동산과 거래에서 일반인들이 가늠하기가 어려운데 토지의 지목에 따라 가격을 확인이 가능하여 매매가격의 확정에 많은 도움을 받을 수가 있다.

디스코의 가격 현황이 나온 자료 화면

이 두 사이트를 미리 확인을 하면 답사 여부를 결정할 수가 있고, 답사를 결정한 후에는 토지의 전체적인 현황을 파악한 후에 방문하게 되므로 토지 자체보다는 주변의 현황을 파악하기가 쉽다. 마을에서 내 토지까지의 진입도로, 마을의 주민들의 동향, 기존 주택의 현황, 집터에서의 근경과 원경, 기피 시설들의 유무를 파악하는 데 집중할 수가 있어 내 땅을 찾는 데 많은 도움이 된다.

나 혼자
토지 알아보기

토지와 주택 구입을 위해 다니던 초창기에 매입을 확정하지 못한 주원인은 한 필지 200평 이내의 토지만 볼 수가 있었던 탓이 크다. 집사람과 3년 동안 답사하면서 동네 분위기가 쓸쓸한 곳, 북향의 산지, 나 홀로인 토지들이 도시 외곽의 곳곳에서 개발되고 있는 현실에 놀랐다. 가격도 우리 마음에 전혀 들지 않는 곳도 기본이 평당 100만 원이었다.

혼자 다니면, 단지로 개발된 대지를 가장 많이 소개받게 된다. 한 필지를 정해 분양하는데 땅 자체보다는 동네 분위기가 문제였다. 도심 가까운 곳에는 난개발된 지역을 지나서야 우리 집에 도착할 수가 있었다. 동네 입구나 자기 집까지 도보로 이동은 안전상의 문제가 있고, 복잡하고 구부러진 도로이다 보니 차량으로 이동할 때도 어려움이 컸다. 반대로 도심 외곽은 농지나 임야가 많은 자연과 가까운 주택단지지만 어떻게 이런 땅을 찾아내 개발하는지 의심이 갈 정도로 산골짜기 끝에 있는 대지다. 도보는 이용 어렵고, 차는 교행이 불가능해 운전하기가 매우 불안하기 짝이 없었다.

내가 찾는 땅은 동네 분위기가 좋고, 경사가 적은 남향의 200평 이내의 토지였다. 이러한 조건을 만족하는 토지가 많지 않고, 발견하면 가격이 우리의 예산을 훌쩍 넘어갔다. 마음에 드는 좋은 토지를 부담을 안고 살 것인지, 가격에 맞춰 마음에 안 드는 곳을 택해야 할지, 땅을 고르는 것이 매우 힘든 일이 되었다.

이렇게 돌아다니면서 전원주택 유형을 나만의 방법으로 구분을 하였는데 별장형, 전원형, 단지형, 마을형, 토지형으로 나누게 되었다. 우리는 이 중에서 마을형으로 결정하고, 기존 마을 내 토지만 보러 다니면서 여러 마을들의 상황을 조금씩 알게 되었다. 수도권 대다수의 마을들은 토박이 주민들보다 외지인이 더 많아서 텃세는 거의 없고, 외지인에 대한 경계심과 환영의 분위기가 공존하였다. 마을주민들의 의견을 듣고 진행하면 좋은 이웃이 될 수가 있다.

표4. 토지 답사 방법 비교

구분	나 혼자	동행자
토지 규모	200평 이내	1,000평 이내
소개 물량	적다	많다
매물 종류	기존 주택	임야
	단지 개발한 토지	논 & 밭
	논 & 밭	단지 개발한 토지
실수 확률	높다	적다

동행자들과 함께하기

우리 부부가 토지 구입에 더 적극적으로 나서게 된 것은 동반자로 두 집이 더 참여하게 되면서 구입할 토지가 다양해졌기 때문이다. 이미 개발한 토지나 주택, 조그마한 땅 대신 토지 규모가 커지니 보다 많은 토지를 소개받을 수가 있었다. 개발되어 있는 토지만 보다가 직접 개발할 수가 있는 땅을 볼 수가 있게 되자 더 좋은 땅들을 접하게 되었다. 또한, 세 집의 부부 6인이 같이 선택하게 되면 좋은 땅을 선택할 확률이 높아지는데 6인에게 다 좋은 평가를 받은 땅은 많지 않았다.

6인이 모여 의논을 해보아도 토지의 평가 기준은 기본적으로 연고지에서 이동 거리가 50km, 시간으로 한 시간 이내의 위치를 선호하였다. 여자들의 입김이 커지면서 보안상 마을의 안쪽으로 터를 한정하게 되었고, 풍수지리에 대해서도 많은 얘기를 하게 되었다. 이렇게 추가적인 사항들이 생기면서 이제부터는 개발된 전원주택단지는 제외가 되었고, 개발할 땅들을 알아보러 다니게 되었다. 기존 마을 내의 500평 전후의 토지를 주로 알아보러 다녔는데 마을마다 몇 곳씩은 매각할 토지들이 있었다. 개발이 안 된 토지들이라 가격 면에서 많은 부담이 줄어들었다. 물론, 개발하는데 들어가는 비용이 포함이 되면 비슷하게 되지만, 초기 비용이 적은 것은 대단한 메리트가 있었다. 100만 원 이하로 토지가 많은 이천과 여주의 땅들을 거의 매 주말 보러 다니게 되었다. 광주와 양평, 용인의 땅들도 종종 보러 다녔는데, 이곳의 100만 원 이하의 토지들은 우리의 기준에 충족되는 곳은 가격이 만만치 않았다.

개발된 토지는 있는 그대로 바라보면 되지만, 개발할 토지는 현재 상태로만 바라보지 않고 절, 성토 후의 모습과 단지 진입 방법, 필지 분할의 방향 등을 종합적으로 바라봐야 한다. 땅을 바라볼 때 많은 생각을 가지고 보게 되니 안목이 높아지게 되었다. 이 땅을 사면 이렇게 필지를 나누고, 이곳은 성토하면 대지로 쓸모가 생길 것 같고, 필지별로 단은 1m만 두면 좋을 것 같고, 이쪽 부분에 보강토를 쌓아 높이를 맞추면 좋을 것 같은 여러 가지 토지의 활용에 대해서 배우는 계기가 되었다.

에피소드 10

여자들의 쇼핑 방법을 배워라

반년 가까이 답사 후 남자들은 3개의 토지 중에서 결정하려 했지만, 여자들이 각각 한 가지씩 반대의 사유를 들어 수포로 돌아갔는데, 주택은 여성들의 예리한 판단이 우리들의 판단보다 더 세세하였다. 백화점 쇼핑하듯이 꼼꼼하게 하나하나 짚어보는데 남자들은 따라갈 수가 없었다. 5억짜리 토지를 사는데 당연하였다.

풍수지리, 묘와 사당, 3시의 햇빛, 주변에 양계장 등의 문제를 제기하였는데 여자들이 이렇게 주변을 세밀히 살피지 않았다면 놓쳤을 사안이었다. 3개의 원안을 뒤로 하고 더 까다로운 상황에서 우리들은 다시 한번 돌아다녀야 했다. 언젠가는 내게 맞는 땅이 나타날 것이다.

2장
전원주택지로 좋은 땅은

전원주택지는 위치와 입지가 최우선으로 교통 접근성과 주변 인프라가 잘 갖춰진 곳을 우선적으로 선택하게 된다. 그러나, 이런 곳의 문제는 개발이 완료되거나 진행 중에 있으며, 좋은 곳일수록 난개발로 귀결이 되는 경우가 많다.

위치나 입지는 연고지에서 한 시간, 50km 이내의 곳으로 왕래할 때 불편하지 않은 곳이면 적당한 지역이 될 것이다. 이런 지역 중에서 자연과 매우 가깝고, 기반시설이 잘 갖춰진 고즈넉한 마을을 먼저 찾는 게 좋다. 이런 마을 안 토지 중 주택에서 가장 필요한 향과 조망이 가능한 곳이라면 주저없이 계약을 하면 된다.

고즈넉한 마을을 좀 더 상세하게 묘사한다면,
- 마을로 가는 길이 나무와 숲, 넓은 들판과 작은 하천으로 되어, 가면서 즐거운 곳
- 마을 입구에는 우리 마을을 알리는 이정표가 있어 반가움을 주는 곳
- 마을 진입 시에는 몇 개의 골목길로 형성되어 누구를 만나도 인사가 가능한 곳

가는 길이 즐겁고 우리 마을이라는 반가움이 있고, 골목길로 경계를 만든 100가구 내외의 우리 이웃들이 살게 되면 최상의 전원주택지가 될 것이다.

숲, 산, 공원, 호수
자연이 함께하는 곳이 좋다.
눈뜨면 산과 강이 보이면 편안하다.
이웃의 예쁜 담장과 처마도 그림이다.
우리 마을 이정표가 무척 반갑게 된다.

인프라가 갖춰진 마을
상수도가 들어오면 물 걱정이 없다.
하수도가 연결되면 깨끗한 동네다.
택배는 당연하고 배달도 돼야 한다.
도시가스까지 들어오면 최고가 된다.

남향/평지
햇빛이 잘 들면 사람·식물에 좋다.
새들도 햇빛이 많은 곳으로 모인다.
경사가 작으면 걷기가 편하다.
마을을 산책하며 이웃과 눈인사한다.

자연과의 동행

전원생활은 자연과 동행을 할 수 있는 곳으로 가야 한다. 숲, 산, 공원 등 나무들이 많은 곳이면 같은 전원이라도 많은 것이 다르다. 전원생활 기간이 오래될수록 우리 눈, 코, 귀, 입과 피부가 편히 느낄 수 있는 자연과 동행할 수 있는 곳이라야 한다.

눈으로 보이는 것이 다르다
멀리 산과 강이 보이는 곳이 집에 있으면 그곳에 자주 앉게 된다. 그곳에 앉아 부부끼리 차 한 잔을 마시면서 계절의 변화를 얘기하고, 가족들 이야기를 하게 된다. 높지 않은 앞집 지붕선과 처마가 또 자연스러워 하늘과 함께 그림 한 장이 되고, 작은 골목길 풍경도 또한 한 장의 그림이 된다. 빼곡한 건물과 차들이 잘 안 보이게 된다.

귀로 들리는 것이 다르다

아침에 숲이나 정원에서 매일 규칙적으로 산새들이 여럿 내려와 지저귀는 새소리는 참 신기하다. 자연의 소리라고 표현할까, 소리의 높낮이는 없지만 오케스트라의 연주를 듣는 공연장이 된다. 바람과 함께 나뭇가지 부딪치는 소리, 비 오는 소리도 합창으로 들리게 된다. 많은 차와 사람들에게 가려졌던 자연의 소리가 들려온다. 시끄러운 차량과 사람들의 소리가 잘 안 들린다.

코로 맡는 것이 다르다

자연의 흙냄새, 나무와 풀 냄새는 아주 약하게 풍기지만, 냄새를 맡으려고 바짝 다가가게 된다. 은은히 퍼지는 꽃 냄새 하나를 맡으면 그 냄새가 머릿속에 저장되는 것 같다. 장미와 튤립, 라벤더 등 꽃과 소나무와 향나무, 라일락을 심는 이유가 된다.

아주 강한 도시의 매연, 먼지, 사람들의 땀내와 음식 냄새를 오랫동안 맡으며 수명이 다한 후각을 찾아가는 중이다.

입으로 먹는 것도 다르다

맛보다는 재료의 싱싱함에 매료되어 간다. 그렇기에 직접 만들어 먹으려 하게 된다. 무농약의 싱싱한 제철 재료는 수확하면서부터 군침을 삼키게 한다. 자꾸만 텃밭의 면적이 늘어나는 이유가 되고 있다. 날것 그대로 먹는 그 재미가 아주 즐겁다. 이천 전통 쌀밥에 김치, 삼겹살, 고추와 오이만 있어도 기운이 솟아난다. 이제는 전 세계의 유명한 음식들을 하나씩 먹어보는 것도 슬슬 지쳐가면서, 냉면·짜장·파스타 정도만 생각이 난다.

피부도 완연하게 다르다

바람과 햇빛을 직접 맡게 되는 실외 생활이 많아지니 피부색은 진해지지만, 피부의 건조함은 매우 줄어든다. 맑은 공기와 함께해서 세수를 하여도 얼굴과 콧속의 먼지는 당연히 적다. 숲이나 산속의 나무에서 나오는 피톤치드의 영향도 있는 것 같다. 외출 후에 샤워해야 하던 습관이 점점 줄어들고 있다.

기반시설의 중요성

기존 마을로 귀촌하려면 두 가지 선택지에서 고민을 하게 된다.

가격이 싼 마을 외곽에서 우리들만의 주택을 만들지? 가격은 비싸도 마을 안쪽의 장소를 택할지? 두 가지를 놓고 갈팡질팡할 수가 있다.

이 고민은 기반시설에 대해서 자세히 알고 나면 조금은 어느 한쪽으로 기울게 된다. 기존 마을이라도 기반시설 중 상하수도가 마을 중앙이 아니면 연결 안 되는 곳도 많다.

도로는 기반시설의 첫 번째 조건이다. 도로가 연결돼야 집을 지을 수 있으니 도로는 당연하다. 이 도로에 오수·우수·상수 등 많은 것이 숨어 있다. 도로의 경사나 굴곡도 보고, 폭도 검토를 해야 한다. 토지 매입 시 맹지인지 아닌지에만 몰두하며 토지 대장을 확인하고 맹지만 아니면 싸게 나온 매물에 혹하게 되는데 싼 것은 그 이유가 있다. 도로를 따라서 전기·통신선이 연결된다. 요즘은 한전과 한국통신에서 손실을 봐도 즉시 연결해 주어 그나마 다행이다.

<u>하수도</u>는 집에서 사용하는 오수를 처리하는 것으로 오수관을 통해 지역 하수처리시설에 직접 연결하면 제일 좋다. 하지만, 아직은 도심지 외에는 많이 부족한 게 현실이다. 하수관이 연결된 곳은 주변 하천의 수질이 당연히 좋은 장점도 가지고 있다. 집주변 하천의 수질이 깨끗한 동네일수록 벌레도 냄새도 없게 되는 것이다.

교외 지역의 대부분은 마을에 하수관 연결이 안 되어 집마다 오수정화조를 설치한다. 오수정화조 설치로 만사가 해결되는 것도 아니다. 하천, 구거를 접하고 있어야 방류할 수가 있다. 하천, 구거에 연결이 안 된 토지는 맹지와 다르지 않다.

<u>상수도</u>는 집에 물을 공급하는 시설로 수도관이 연결되면 물에 대한 걱정은 없다. 많은 전원주택들이 상수도의 혜택을 받지 못하고 있는 게 현실이다. 수도가 없으면 지하수를 개발하여야 한다. 지하수 개발비와 펌프 사용 시 전기비가 많이 들고, 수질도 마냥 안심할 수가 없으며, 가뭄 때에는 물이 안 나올 경우도 생긴다. 고지대의 지하수는 그런 일이 발생될 확률이 더 많다.

<u>도시가스</u>는 난방용으로 많이 사용하는데 아직 연결이 안 된 곳이 대부분이다. 설치된 곳이면 아주 좋은 동네인 것이다. 지방마다 다

르긴 하지만, 도로-상수-하수-도시가스의 순서로 기반시설이 갖춰진다. 전원주택은 LPG 가스를 많이 사용하고 있다. 물론, 기름보일러도 가능하지만 가스가 대세인 상황이다.

<u>음식 배달이 되면 좋다.</u> 요즘 택배가 안 가는 곳이 드물어 다행이지만, 음식 배달은 조금만 외져도 배달을 하지 않는 곳이 많다. 외식을 하러 가끔씩 맛있는 식당을 찾아 가지만, 배달을 시켜 먹는 즐거움도 있다. 치킨, 족발, 짜장면은 시켜놓고 기다리는 기쁨이 있는 음식으로 배달이 제격인 음식일 것이다.

향과 조망

햇빛은 전원주택에서 필수 요소다. 창문에 햇볕이 비추는 시간의 양과 전원생활의 즐거움은 거의 비례한다. 햇살이 많이 비추면 식물들 또한 좋아하여 나무, 꽃, 채소가 풍성하게 자라고, 햇살에 비춘 모습도 아름답다. 또한, 각종 벌레들도 햇살이 비치는 곳에서 현저히 줄어든다.

아파트의 대부분은 남향과 조망을 염두에 두고 건물 배치를 하고, 고층 건물이라 향과 조망을 기본적으로 갖추고 있다. 그동안 1기 신도시는 남향 위주의 판상형 아파트로, 2기 신도시는 남향이고 조망도 가능한 타워형이 많이 지어졌다. 3기 신도시나 재건축 아파트도 향과 조망을 갖추기 위해서 많은 노력을 하고 있다. 용적률 완화로 200%를 넘어 300% 얘기가 나오고 있어 아파트 배치하기가 더 어려워질 텐데 해결책을 어떻게 찾을지 궁금하기도 하다.

전원주택은 저층의 건물이라서 향과 조망을 모두 갖추려면 토지 매입 때부터 신경을 써야 한다. 한낮의 햇볕이 내리쬐는 토지를 보고 덜컥 계약을 하면 낭패를 볼 수 있다. 최소한 동지를 기준으로 10시부터 3시까지 창으로 햇볕이 드는 장소를 택해야 한다. 토지를 계약하기 전 겨울에는 3시(여름에는 5시)에 한 번은 매입할 토지에 가서 확인하고 계약서에 도장을 찍어야 나중에 후회를 안 할 것이다.

전원주택에서의 조망은 동서남북 어디를 봐도 자연이 곁에 있고, 집들이 떨어져 있어 도심보다 훨씬 좋으니 걱정할 필요가 없다. 조망은 가보기 힘든 먼 곳의 강이나 산이 겹겹이 보이는 높은 곳에서의 조망보다는 맘먹으면 갈 수가 있는 근처의 산을 올려다보이는 조망이 더 좋을 수 있다.

대지 상황도 평지이거나 약간의 경사만 있는 것이 심리적으로도 미관적으로도 좋고, 집터는 꺼져 있지 않고 도로보다는 높아야 심리적으로 안전하다. 경사가 심한 곳은 경사지에 설치되는 옹벽의 높이가 높아져 심리적으로 불안하고 미관상 보기 안 좋다. 옹벽들이 많아지면, 필수적으로 응달이 많이 생기고 음침한 분위기의 동네가 되고 경사가 급할수록 안전한 통행에 많은 문제를 노출할 수밖에 없다. 집 앞까지 가는 길이 친근하지 못하고 어둡고 칙칙한 분위기가 이어지면 집으로 가는 길이 결코 즐거울 수가 없다. 집 안에서 바라보는 조망은 좋으나 집 밖은 이용할 수가 없는 죽은 공간이 되어 우리 집도 골목도 마을도 살기에 좋은 곳이 될 수가 없다.

 경사지 토지는 조망점이 한곳으로 모이게 되므로 아랫집이 건축하면서 조망을 가릴 경우는 이웃에서 바로 원수지간이 될 수가 있다. 경사지의 더 큰 문제는 성토와 절토로 만든 대지라서 집의 한 부분에 높은 옹벽이 생겨 바람길이 차단되고, 내 대지 안에 음지가 생기게 된다. 조망을 위한 토지는 이웃과 별개로 사는 별장형의 나 홀로 주택이 더 좋은 선택지가 된다. 조망은 확실하게 지키면서 옹벽을 낮게 하여 바람길도 확보가 가능해질 수가 있다. 하지만, 나 홀로 주택을 지으려고 하면 건축 가능 여부 확인과 도로, 상수도, 하수도 인입의 문제를 해결하는 데 많은 시간과 노력을 들여야 한다.

함께하는 이웃과
동네 분위기

도심이든 시골이든 이웃과의 관계는 필수적이다.

공동주택은 많은 이웃들이 있지만, 서로 간에 관심이 점점 줄어들어 남남인 관계지만, 전원주택은 적은 이웃이지만 서로 간에 관심이 많아 어울려 사는 방법을 알아야 한다. 농촌 마을에서는 많은 관심사가 농사일 수밖에 없지만, 도시 근교 전원마을은 다양한 사람들이 살기에 공동주택의 이웃과 비슷하지만 그 관계는 깊이가 있게 마련이다.

전원마을의 이웃들은 낯선 우리들에게 처음에 호감을 가지고 다가온다. 우리도 마을 사람들에게 호감을 가지고 대하다 보면 좋은 이웃의 첫 단추는 채우게 될 것이다.

새로 이사하는 사람에 대한 관심이 아주 커 처음부터 마음을 터놓고 다가가는 노력이 필요하다. 우리 경우에는 대지 매입부터 동네 분의 땅을 사고, 이장님과 주변 분들에게 먼저 집 지을 계획을 알려드렸고, 집을 짓는 과정에서도 현장에 상주하여 마을 분들과 많은 대화를 할 기회가 생기면서 자연스럽게 마을의 일원이 되어가고 있었다.

내가 아닌 우리가 되기 위해선 각 동네마다 경계가 필요하다. 큰 도로나 숲을 경계로 여기서부터는 우리 마을, 우리 골목길이라는 공동의 경계가 있어야 서로 간의 이웃이 될 수가 있다. 사방팔방으로 연결되는 도로는 차와 건물이 많은 도시에서 필요한 것이고, 전원에서는 큰 도로에서 벗어나 서로 간에 공통의 관심사를 가질 수 있는 공간이 있는 곳이어야 이웃으로서 다가갈 수가 있다. 단지개발을 하는 모든 곳에서 그들만의 마을로 만들어 가는 이유기도 하다.

마을의 일원이 되려면 어느 동네든 운영자금을 만들고 있는데 그 비용의 일정 부분을 새로 이사한 사람도 내게 되어 있다. 수백만 원씩 한다는 동네는 운영자금이 많이 모아놓았기에 새로운 사람도 그에 맞춰 받는다고들 하는데 전원주택이 많은 곳일수록 그 비용은 없거나 있어도 10~20만 원 정도이다.

우리 마을로 가는 길에 숲이나 나무, 넓은 들판을 지나가면 퇴근 길이 즐거울 것이다. 반대로, 공장·창고·묘지·축사 등을 지나가게 되면 집으로 가는 길이 불편할 것이다. 집에 가는 도로도 굴곡 없고 평탄하며 차량이 적으면 편안하게 퇴근을 하게 될 것이다. 반대로, 굴곡이 많고 경사가 심하며 차량들이 많으면 집으로 가는 길이 답답하게 된다.

동네 입구에 우리 마을을 알리는 입간판이나 상징물이 있고, 이 골목부터는 우리 집과 다름없다고 느낄 수가 있다면 마음이 편안해질 것이다.

축사나 양계장이 주변에 있는 곳도 토지 매입을 피해야 할 중요한 요소이다. 동물을 사육하는 곳은 냄새가 심해 주변에 악영향을 주고, 분뇨들의 처리가 잘 안될 경우에는 하천에 수질도 나빠지고 그로 인한 많은 종류의 벌레들이 생기게 되어 전원생활을 계속하기가 힘겨울 수가 있다.

묘지가 있는 곳이 명당이기는 하지만 묘지와 공존은 많은 사람들이 부담스러워한다. 좋은 위치의 땅인데 가격이 싸게 나와 현장을 방문하면 대부분 묘지 때문일 경우가 많다. 내 집 뒤편이나 옆에 묘지가 보인다면 많은 분들이 꺼려 할 것은 당연한 거다.

시 한 편

산수유꽃 진 자리

나태주

사랑한다, 나는 사랑을 가졌다.
누구에겐가 말해주긴 해야 했는데
마음 놓고 말해줄 사람 없어
산수유꽃 옆에 와 무심히 중얼거린 소리
노랗게 핀 산수유꽃이 외워두었다가
따사로운 햇빛한테 들려주고
놀러 온 산새에게 들려주고
시냇물 소리한테까지 들려주어
사랑한다, 나는 사랑을 가졌다
차마 이름까진 말해줄 수 없어 이름만 빼고
알려준 나의 말
여름 한 철 시냇물이 줄창 외우며 흘러가더니
이제 가을도 저물어 시냇물 소리도 입을 다물고
다만 산수유꽃 진 자리 산수유 열매들만
내리는 눈발 속에 더욱 예쁘고 붉습니다.

봄, 여름, 가을, 겨울. 사계절의 변화를 산수유나무꽃과 잎, 열매가 익어가는 이천 백사면 도립리에 새롭게 고향을 만들어 남은 삶을 자연에서 여유롭고 풍요로움을 느끼며 살아가려 한다. 봄을 알리는 산수유꽃이 피면 마을에서 열리는 산수유축제를 보러오는 사람들로 마을 안 곳곳에 생기가 돌며 그 후에는 갖가지 봄꽃들이 피어나고, 봄에 심는 각종 작물들도 서서히 자라나고 열매를 맺어가면서 여름을 날 것이다. 추수의 계절인 가을에는 보는 것만으로도 풍족한 들판의 벼와 각종 과일이 익어가고 수확하는 것을 확인할 것이다. 겨울엔 우리들의 텃밭에 심은 마늘과 양파가 그 매서운 추위를 견뎌내는 것도 지켜보고, 뒷마당에 묻어둔 김장김치나 텃밭에 묻어둔 배추를 꺼내 맛난 수육 한 점에 막걸리 한잔을 하면서 1년을 보내게 될 것이다.

PART 4.
토지 계약부터 대지조성까지

1장
토지매입

토지매입의 결정은 급하게 할수록 문제가 생기기 마련이다. 검토할 사항들이 많은 것도 있지만 나와 맞는 토지여야 한다. 많이 답사할수록 보이는 것도 많아지면서 땅에 대한 자신만의 노하우도 생기다 보면, "이 땅이 내 땅이다."란 확신을 주는 토지가 나타날 것이다. 나한테 맞는 토지가 언젠가는 나타난다.

매매할 토지를 정한 후에도 대지로 전환 시에 문제가 없는지를 면밀하게 검토를 해야 한다. 특히, 전답과 임야를 살 경우에는 대지로 전환하는 과정 즉, 개발행위허가가 가능한 것인지 꼼꼼히 살펴야 한다.

좋은 땅을 구입하면, 동참자를 찾기가 쉽다. 이러한 땅을 찾는 사람들은 주위에 많이 있다. 100평의 반듯한 토지로 양지바른 마을 안 토지인 경우는 마련하려 해도 거의 없는 편이기에 동행자를 구하기 어렵지 않다.

내 땅은 반드시 나타난다

급하게 구입을 결정하지 말자.
내가 찾는 땅은 언젠가 나타난다.
많이 다닐수록 땅을 보는 눈이 생긴다.
보는 눈이 생기는 것도 자산이 된다.

매매 계약 시 특약사항

땅 이외의 것은 누가 할 것인가?
나무를 없애는 것도 쉽지 않다.
농작물도 누군가의 것이다.
집은 해체와 폐기물처리를 해야 한다.

동행자들과 함께

기존 주민들과도 잘 어울려야 한다.
지인이나 친지들이 같이 하면 더 좋다.
같이 다니면 더 좋은 땅을 볼 수 있다.
조화로운 단지가 나 홀로 집보다 낫다.

땅에도
주인은 따로 있다

　그동안 눈여겨 보던 이천 산수유마을의 토지가 매물로 나와 현장을 방문한 순간, 땅을 찾아 헤매던 그동안의 일들이 생각나며 "더 이상 돌아다니지 않아도 되겠다."는 확신이 생겼다. 부동산에 우리가 계약하겠으니 매물 명단에서 회수하라고 신신당부를 하였다. "땅에도 주인이 따로 있다."는 말을 실감하는 땅을 드디어 발견한 것이다. 부동산에서 나와서도 땅 주변에서 오후 내내 그동안 세워둔 계획들을 하나하나 되돌아보며 앞으로의 일정을 생각하는 즐거웠던 하루였다. 공동구매 하려는 나머지 두 집도 현장을 방문해 보고 계약을 결정하였다. 우리들이 잡았던 기준들을 충족하는 땅이라 망설임 없이 판단하였다.

매매 전 토지 사진

    토지 위치는 이천 도심에서 북쪽으로 약 7km 정도 떨어져 시내의 어디든 15분이면 갈 수가 있는 곳이다. 분당의 집에서는 45km로 이동 시 자동차 전용도로가 대부분이라 평소에는 50분이면 도착이 가능한 거리였다. 예전부터 5번 정도 방문했는데 산수유축제, 원적산 등산을 위해 10년 전부터 다니던 곳이고, 첫 방문은 산수유마을에서 1km 정도 떨어진 두산베어스 파크에서 2군 경기를 아이들과 함께 방문했었다.

    토지 전체적인 상황은 전과 답이었고, 산수유나무가 15그루 정도가 있는 토지로 나무 말고는 실경작은 하지 않은 토지였다. 토지의 북측에 원적산이 감싸안은 형태가 아래로 급하게 내려오다가 산수유 축제장인 산 중턱부터 약한 경사가 되면서 산수유마을을 감싸는 낮은 구릉지의 한가운데 땅이라 누구든 탐내는 토지였지만, 북측도로보다 낮아서 매매가 안 되었는데 도로 높이로 땅을 성토하면 좋은 대지로 변화가 가능하다는 생각이 들었다.

햇볕도 잘 드는 남향의 660평의 전답으로 동·서·남 방면으로 하천이 흐르는 상황으로 이웃 토지와의 경계가 명확했다. 북측은 도로보다 1m, 남측은 4m가 낮았고, 대지 서측 하천 너머로 7~8m 정도의 언덕이 있었다. 전기. 통신 및 상하수도는 북측의 도로로 지나가는 것이 육안으로 확인이 가능한 토지였다.

그동안, 땅을 보러 다니며 "내 땅이다."라고 느끼는 땅을 찾지 못했는데, 그런 땅은 누구든 탐내기 때문에 더 마련하기가 쉽지 않다. 남향의 약한 경사를 가진 토지이고, 기반시설인 도로, 상수도, 하수도, 전기, 통신이 바로 인입이 가능하고, 마을의 안쪽에 위치하며 기피시설이 주변에 없는 땅을 찾아서 이천을 중심으로 여주, 양평 쪽으로 매 주말 다닌 결실이었다. 우리 기준이 워낙 까다로워 부동산에서 연락이 뜸해질 즈음, 이천의 부동산에서 연락 와서 방문했는데 "내 땅이다."라는 느낌이 강하게 들은 토지였다.

에피소드 11

여섯 집이 선택한 다양한 이유들

1. 남향이라 햇빛이 잘 들고, 음지가 없다(사람과 나무들이 생기가 넘친다).
2. 주변이 하천으로 둘러싸여 이웃과 격리되어 좋다(물의 기운이 풍부하다).

3. 사방이 둔덕으로 둘러싼 아늑한 곳이다(원적산 아래고, 양측에 둔덕이 있다).

4. 평지라 바람이 잘 들고 따뜻하다(공기 순환으로 맑고 깨끗한 공기가 들어온다).

5. 이천 산수유축제와 원적산 등산을 자주 할 수가 있다(산책도 가능하다).

6. 마을 출입구가 딱 두 곳이라 보안과 안전 면에서도 좋다(푸근함을 느낄 수 있다).

7. 풍수학자가 명당 자리라고 매입을 권유하였다(배산임수의 토지다).

8. 예전에 방문한 동네다(그 당시 좋은 동네라고 느꼈었다).

9. 주변에 기피시설이 전혀 없는 동네다(축사 때문에 고생한 적이 있다).

여섯 집이 선택한 이유들은 약간씩은 다르지만 대단히 만족하는 것은 확실하였다.

토지 매매 과정

토지주는 동네 유지셨는데 주택을 지으려는 우리에게 몇 가지를 물어보셨다. 동네와 안 어울리는 건물이 들어서면 동네 분들에게 원망을 듣게 되기 때문이었다. 도로 높이까지 성토하고 단층주택으로 공사를 한다 하니 안심하셨다. 이렇게 토지주가 매매를 확정하면서 계약을 진행할 수가 있었다.

전답과 임야를 매매할 경우에 주의할 사항들이 있는데, 그 땅에 있는 농작물과 나무 등의 지장물의 처리를 확실하게 협의를 하여야 한다. 우리가 사려는 땅에도 나무들이 많이 존재하고 있어 계약을 하기 전에 특약조건을 제시하였다. 해당 토지에 산수유나무 15그루 정도가 있어 이전하거나 없애야 하는 상황이었다. 이천 산수유축제를 하는 마을이라 단지개발을 위해 나무를 처리할 경우 동네 분들과 마찰이 걱정되었다.

　토지주에게 이 문제 해결을 위해 특약조건으로 나무를 이전해 주시면 가격은 그대로 계약하겠다고 하였다. 토지주도 자기가 정리하는 것이 맞다고 생각해서서 흔쾌히 나무 이전 조건을 받아들였다. 땅이 마음에 들어 가격흥정을 할 생각이 없었던 터라 즉시 계약서를 작성하고 계약금을 입금하였다.

　중도금 전달하기 전에 특약 조건을 완료하는 조건이라 중도금 입금 전에 산수유나무 이전을 확인하러 갔을 때 비로소 우리 땅의 실체가 드러났다. 그동안은 나무와 잡초들로 뒤덮인 나대지였는데, 표면에 흙이 보이고 천변의 조경석 쌓기 한 경계가 보이며 '역시 좋은 터였네'라는 생각이 들었다. 토지주와 현장에서 만나고 있을 때 동네 분들도 "여기가 아주 좋네.", "땅 잘 샀네.", "예쁜 집 지으세요."란 말들을 하여 뿌듯하였다.

　땅을 있는 그대로 바라보면 그 가치를 알아보기가 어렵다. 특히, 주거용으로 사용할 땅은 사전에 체크할 사항이 많은 데다가 주변의 상황이 매입에 결정적인 동기부여가 되므로 대지로 변경된 후를 가정하고 바라볼 수가 있어야 한다. 절성토가 거의 없으면 더할 나위 없이 좋겠지만 대부분의 전답과 임야는 그렇지 않은 게 현실이다.

　마지막 잔금을 치르고 등기까지 완료한 날은 매매하는 당사자들이 모두 모여야 했으므로 모인 김에 여섯 남자들끼리 내 땅이 생긴 마음에 기분 좋게 저녁식사와 술 한잔을 할 수가 있었다. 나를 포함해 세 집은 부인 이름으로 등기를 하였다. 우리 집사람의 경우 태어나 첫 부동산 취득이라 기분이 좋았으며, 다른 두 집의 경우 부인이 더 전원생활을 원해서 계약한 경우라 부인 이름으로 하게 되었다.

에피소드 12.

토지 매매 시 특약사항

> 전답과 임야를 매매한 경우, 땅에 아무것도 없으면 가장 좋다. 그렇지만, 많은 땅에는 나무와 농작물, 가설건축물 등 토지를 활용한 흔적들이 남아 있다. 이 흔적들의 주인이 토지주든 제3자든 처리가 되어져야 내 땅을 내 맘대로 할 수가 있다.
>
> 토지주에게 이러한 흔적들을 처리해 달라고 요청하고 계약서의 특약사항에 명기하는 것이 좋다. 보통 나무는 개인의 것이라 해도 마을의 나무가 줄어드는 것을 이웃들은 탐탁해하지 않으므로 불필요한 나무는 없애달라고 하는 것이 좋다. 가설건축물이라도 해체와 폐기물처리에 예상보다 많은 비용이 든다.

공동매입 할 6인의 동참자들을 확정하다

토지 면적이 660평이고 매매가는 5억 3천만 원으로 세 집이 구입할 경우에 한집당 2억 정도의 토지 구입비가 필요하였다. 또한, 대지가 아닌 논밭이고 성토를 하여야 하므로 대지조성 공사비와 부대비용으로 2억이 사용되면 총비용이 7억 3천으로 한집당 토지에 2억 5천의 예산이 필요하였다. 토지비로 1억 5천을 생각한 터라 집마다 예산이 초과되어 두 집의 동참자를 찾기로 하였다.

두 집의 추가 동참을 결정하면서, 땅을 소개한 부동산에서 100평 내외 토지를 원하는 분이 한 분 계시니 소개하려고 했었다. 우리는 누군지 모르는 분보다는 우리와 친한 사람 중에서 찾기로 하고 안 될 경우에 전화를 주기로 얘기를 해놓았다. 우리도 혼자서 작은 토지를 찾아다녀 봤지만, 구하기가 참 어려운 상황이라 부동산에 부탁을 해놓았던 기억이 났다.

　가계약금과 중도금은 세 집이 지급 가능한 상태였기에 잔금일까지 60일 안에 두 집의 동참자를 찾으려고 각자 한 집씩 섭외를 하기 시작하였다. 갑작스럽게 권유하다 보니 동참자가 선뜻 나서지는 않았지만, 관심들은 많아서 현장에 가본 사람들이 꽤 많았다. 현장에 가보고 땅 잘 샀다는 소문이 돌면서 동료들이 하나둘 참여하면서 어렵지 않게 두 집이 아닌 세 집이 추가로 결정되었다. 그중에 두 집은 부인들이 더 적극적이었는데 모두 직장을 다니고 있는 공통점이 있었고, 은퇴 후에는 조용히 꽃과 나무를 키우며 살고 싶어 하는 생각들이 확고하였다. 보통은 남자가 나서고 여자들은 끌려오는 상황인데, 반대의 경우라 우리는 더 적극적으로 환영하게 되었다. 그중에 한집은 풍수지리를 공부한 사람하고 방문했는데, 배산임수의 대지이고 대지 뒤쪽에 있는 영축사와 함께 명당 자리라고 꼭 구매하라고 했다고 한다. 이렇게 여섯 집이 정해지니 한집당 1억 2천으로 각자 110평을 마련하게 되었다.

　동참하려는 사람들 중에서 가족들을 설득에 힘들어한 분들이 제일 많고, 전원주택에 평소 관심 없어 보여 권유를 안 했던 분들은 뒤늦게 알고 아쉬워했다. 대다수 직장인은 토지 규모가 커서 생각한 예산을 초과하는 경우가 많아 접근하기가 어려운 것이 전원주택이다. 좋은 입지의 토지들은 가격이 매우 높고, 적당한 가격이라도 토지 규모나 입지가 안 맞아 찾기가 까다롭다. 좋은 조건을 갖춘

100평 내외의 토지를 마련하는 것은 예산이 한정적인 직장인들로 아파트 한 채가 재산의 전부인 사람에게는 쉽지 않은 일이다. 그 어려운 일을 우리가 해내었다.

지출항목	금액	지출일(비고)
토지 대금	530,000,000	22.05.17(잔금일 기준)
취득세/등기비	20,086,260	22.05.17(취득세 3.4% + 등기비용)
부동산비	5,247,000	22.05.17(매매대금의 0.9% 적용)
경계측량비	865,000	22.03.22(잔금지급전 부지경계를 확인 필요)
합 계	556,198,260	92,700,000원/1세대(110평)

2장

단지개발 확정

아파트 지하주차장의 경사각은 최대 13도로 정해져 있다. 13도로 하면, 보행과 운전하기 힘들어 왜 이렇게 설계하냐고 욕하는 사람들도 있다. 많은 사유가 있어도 13도를 넘지 않는다. 전원주택은 경사각 15도까지는 각 지자체에서 허가를 해주며, 좋은 조망을 위해서 산꼭대기까지 계속 주택들이 들어선다. 이런 경사지 주택단지에서 각각의 필지를 구분하려면 옹벽을 설치해야 하니 도로 주변은 온통 옹벽이 된다. 자연스럽게 골목길이 형성되지만, 보행하는 사람은 거의 없고 집 밖은 거의 지옥이 된다. 경사도는 5도가 넘어서지 않게 조성할 필요가 생긴다.

통과도로가 마을 안에 있으면, 경계성이 사라지고 차량 통행이 많아져 보행의 불편이 생긴다. 각각의 집은 통과도로에 접하는 것보다 골목길에 접하게 하는 것이 좋다. 골목길은 보안상으로도 유리하지만, 작은 단위의 공간이 형성되어 이웃으로 다가갈 수가 있기 때문이다. 외국에선 쿨데삭(cul-de-sac) 형식의 단지 계획이 보편적이다.

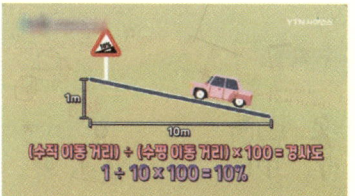

경사도

경사각 15도 이내면 신축이 가능하다.
지하주차장 경사로가 최대 13도이다.
경사각 5도가 넘으면 산동네가 된다.
옹벽으로 둘러싼 골목길이 된다.

통과 도로

도로는 연결의 의미를 가진다.
시골 도로는 단절의 의미가 더 크다.
지역간 도로는 마을을 구분하게 된다.
통과도로에서 벗어난 곳이 좋다.

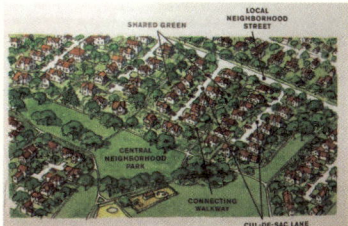

쿨데삭(cul-de-sac)

골목길로 연결된 마을을 의미한다.
각 마을은 이러한 골목길이 여러 개 모여 형성되며 이웃 간 유대감을 가진다.

전원주택단지들의
특징 분석

 단지개발 한 곳의 한 필지 토지를 구입하는 것은 구입비용이 조금 비싸지만 건물의 배치에만 신경을 쓰면 되고, 단지개발 할 땅을 사서 여러 사람이 분할을 하려는 경우는 대지조성 시 필지 분할과 각 필지의 건물 배치에 대해서 미리 검토해야 한다. 우리 골목길은 어떻게 할 것인지 고민을 하면서 수도권의 많은 곳을 지도로 확인하고 현장을 직접 방문해 가면서 우리 단지의 개발의 방향을 잡았고 기존 단지들의 문제점도 파악할 수가 있었다.

아파트는 건폐율이 보통 10%대에서 결정이 되므로, 평면보다는 단지배치가 우선한다

 단지배치 시 용적률이 200% 정도로 높고, 동 간 이동 거리를 지켜야 해서 커다란 제약이 되므로 건축사들은 모형을 가지고 몇 날 밤을 새워가며 배치에 집중한다. 도심의 단독주택은 건폐율이 50~60%로 거의 정사각형의 대지 형태를 가지고 있어 배치에 그렇게 신경을 쓸 수가 없다. 법정 건폐율과 용적률을 모두 채우려면 정답이 정해져 있는 거나 마찬가지기 때문이다. 배치보다는 입면 디자인과 자재의 선택, 각 실의 평면 구성과 동선의 처리에 설계를 집중하게 된다.

전원주택단지도 단지개발 시부터 건물 배치가 중요하고 많은 것을 좌우한다

전원주택은 건폐율 20%인 자연녹지, 보전관리지역과 건폐율 40%인 계획관리지역에 위치하므로 건물 배치에 따라 많은 차이가 생겨 설계의 핵심이 된다. 또한, 전원주택은 실외 활동과 실내 활동의 공간이 연계되어야 하므로 마당. 정원. 텃밭의 위치를 배치 시 감안해야 한다. 건물 배치가 자유롭다는 것은 커다란 장점인데 잘 살리려면 토지 한 평이라도 의미를 부여해 가며 계획을 해야 한다. 남향 배치를 기준으로 건물과 마당, 전정과 후정, 대문과 주차장, 파고라나 텃밭의 공간들을 건물과 조화롭게 엮어내야 한다.

전원주택단지는 서울에 가깝고, 경치가 좋은 곳의 경사지에 많이 들어선다

경사지 단지개발은 주 진입로인 도로의 양옆으로 사각형의 필지를 구성하는 방식을 주로 한다. 단지 내 도로 경사가 심할수록, 각 필지를 구분하는 옹벽 높이가 당연히 높아진다. 진입 도로는 보통

6m인데, 옹벽으로 벙커주차장이나 야외주차장 부분을 평지로 하다 보면 도로의 굴곡이 심해지게 된다. 경사가 심할수록 도로의 폭을 넓혀야 사고 위험성을 줄이고 통행이 편해질 것이다. 이러한 필지는 전면은 조망이 확보되는 장점이 있지만, 후면은 뒷집의 큰 옹벽이 존재할 수밖에 없다. 전면의 향에 따라 건물 배치를 하는 상황이 되는 것이다. 조망을 위해 많은 불편을 감수해야 한다.

아래의 사진들은 경사도는 조금 차이가 있지만, 단지 내 도로의 풍경은 엄청난 차이가 난다. 경사가 심하고 옹벽의 높이가 높을수록 살기에 불편한 것이 한눈에 들어온다. 다른 설명이 필요치 않을 듯한데, 맨 위의 사진처럼 여유롭게 조성된 곳이 극히 드물다. 대지의 여건상 어쩔 수 없는 곳이 많은데, 자연을 찾아 전원생활을 택했는데, 결과적으로 자연을 훼손하면서 길을 만들고 그 길을 따라서 또 다른 주택단지나 주택들이 들어서면서 자연은 사라져 가는 게 현실이다.

경사지에 있는 단지개발지의 풍경들, 어느 곳이 좋은가?

경사지 단지조성은 주도로의 경사도는 5도 이내로 조성을 한 곳이어야 거주할 마음이 생길 것 같다. 지하주차장 경사로의 경사가 13도인데 이 정도의 경사도를 가지고 있는 곳은 도로를 아주 넓게 하거나, 집마다 도로변 대지 일정 부분을 후퇴시켜 주어야 단지의 거주 여건이 좋아질 것이다. 더불어, 단지조성 규모가 클 경우에는 통과 도로보다 골목길 조성을 우선시함으로써 프라이버시 확보와 안전성, 각 세대 간 소통의 공간이 되도록 하면 좋을 것 같았다.

평지의 전원주택단지들은 남향 배치를 하고, 개방적이며 안정감이 드는 곳이 많았다

평지에서는 조망이 경사지보다 좋지는 않지만, 150평을 기준으로 필지를 구획했을 때는 이웃과의 거리가 앞집의 건물 높이보다 멀어서 큰 문제는 없어 보였다. 평지의 단지들은 담도 높지 않으니 개인 정원이 마을의 정원이 되기도 하고, 담장 재료도 옹벽이 아닌 나무울타리나 목재, 돌 등을 사용한 곳이 많아 차분한 느낌을 주었다. 단지 내 도로는 보통 6m가 대부분이고, 야외주차장으로 계획되었으며 각 필지의 형태는 직사각형이 대세로 보였다. 각 필지의 면적은 경사지보다는 적은 150평 정도로 나누지만, 경사지의 200평보다 대지의 효율성은 더 좋아 보였다.

평지에 있는 단지개발지의 풍경들, 담이 낮은 것이 특징이다.

경사지나 평지 어디든 진입 도로의 위치와 폭을 정하는 것도 아주 중요한 사안이다

경사로 할지 평지로 할지는 땅의 조건에 따라 정해지는 반면에, 진입도로의 위치와 골목은 개발하는 사람의 의지를 반영할 수가 있다.

단지배치 시 가장 중요한 도로와 각 필지의 관계를 분석해 보면, 평지든 경사지든 많은 단지의 진입 도로가 남측에서 접근을 많이 하게 되는데, 이 경우 남향으로 건물 배치 시 도로와 건물이 마주 보게 되므로 프라이버시 확보가 매우 어렵다. 각 필지는 그 해결책으로 평지에서 담장을 높여 벽을 만들게 되고, 경사지에서는 옹벽을 높여 해결하려고 하므로 많은 사람들은 프라이버시 확보와 조망을 위해 제일 위쪽 토지를 선호하게 된다.

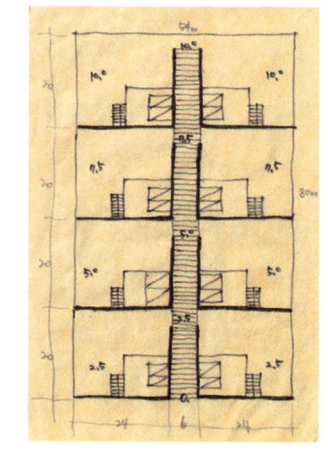

남북축의 도로 배치 방법
- 경사진 도로만으로 구성
- 도로 좌우 옹벽으로 삭막함
- 주차장 진입이 불편
- 도로 비율은 낮고, 옹벽은 많음

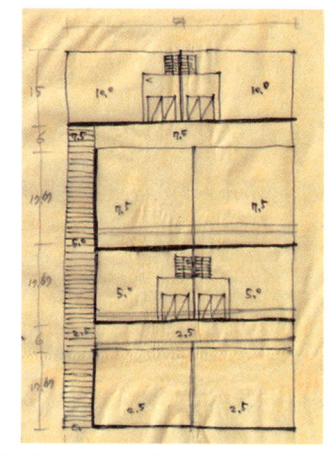

동서축의 도로 배치 방법
- 경사진 도로와 평지 도로 혼합
- 경사 도로 최소화, 평지 도로 많아 편안
- 주차장 진입이 편리
- 도로 비율은 높고, 옹벽은 적음

진입도로는 남북으로 장축이 되기보다는 동서로 장축이 되도록 개발을 하면 좋다

도로 진입 시 남북을 축으로 하지 말고 동서축으로 하려고 노력해야 한다. 단지의 주도로를 동서축으로 하기가 어려울 경우에는 주도로를 외곽으로 하고 골목길로 보조도로를 조성하는 방법을 써야 한다. 골목길의 도로 아래 토지는 평지식으로 도로 위 토지는 병커주차장 형태로 하면 좋을 것이다. 경사 도로로 연속된 단지보다는 경사도로의 동선은 짧게 하여 내 집 앞은 평지로 된 골목길이 되어 안정감을 가질 수 있다. 경사도나 토지의 면적에 따라 적용하기가 힘들 수도 있지만, 단지개발을 할 때 동서축과 단지 내 골목길 조성을 우선하여 검토하기를 바라본다.

동서로 장축의 배치 후에는 통과 도로보다는 골목길을 조성해야 한다

골목길에 면한 집들의 왕래를 위해서만 존재하므로 막다른 길이 대부분인데 '막다른 길'을 영어로 'dead end'라고 하고, 프랑스어로는 'cul-de-sac'이라고 한다. 이 막다른 골목길은 이웃과의 소통의 공간으로 여유로운 마을의 한 곳으로서 공동체 의식 형성에 중요한 요소로서 단독주택지에서 추구해야 할 하나의 설계기법으로 예전부터 존재하였다. 골목길의 너비도 6m 이상으로 하면 좋으며, 그 이하로 하는 경우에는 교행이 불가능하므로 'cul-de-sac'의 맨 끝에는 원형 교차로를 만드는 방법도 좋으며, 때로는 막다른 골목이 아닌 경우에는 일방통행으로 만들면 된다. 남북축이든, 동서축이든 모두 막다른 골목길은 최대한 필지의 규모를 줄여 8필지 이내로 하여 우리의 골목이라는 공감대의 형성과 소통의 장소가 될 수가 있게 한다.

사진은 한 주택단지의 모습으로 쿨데삭의 형태를 갖춘 모습이다. 진출입로를 통해 진입하고 골목길을 조성하려고 노력하였다. 도로의 폭도 6m로 주어 통행과 주차에 불편이 없고, 단지 중앙에 공용시설을 두어 놀이와 소통의 공간을 두었다.

도시의 단독주택지에서도 이 'cul-de-sac' 개념을 도입하기를 바라보는데, 그 이유는 골목길은 각각의 집들에 또 다른 우리들의 영역이 될 수가 있기 때문이다. 관통 도로에서는 이런 영역이 그냥 스쳐 가는 관계가 되지만, 일정한 영역이 생기는 막다른 골목이 되면 그 골목길에서는 각 집의 관계가 우리라는 서로 간 이웃의 관계가 된다. 또한, 통과 교통이 없어지면서 소음도 줄어들고 사생활이 보호되어 더 안전하고 생기가 도는 골목으로 변화가 가능할 것이다. 'cul-de-sac'의 골목길이 되면 주택의 형태에도 많은 영향을 줄 수가 있다. 프라이버시를 위해 외부와 차단된 중정 형태나 높은 담장으로 답답한 구조로 만들어지는 도심지 주택들도 이 벽을 허물게 된다면 오픈 형태의 집들이 가능하여 보다 더 다양한 평면을 계획할 수 있는 하나의 출발점이 될 수가 있다. 주거 기능은 우리 집이 편하고 좋은 것이 최우선이지만, 옆집과 뒷집이 든든한 이웃으로 다가오면 생기가 도는 골목길이 될 것이다. 통과도로일 때도 이웃이 존재하지만 단지개발 방향을 조금만 바꾸어 골목길이 되면, 이웃과 소통이 훨씬 더 부드러워지므로 단지개발의 방향이 변화되길 바라본다.

사진은 판교의 점포주택지(윗부분)와 단독주택지(아랫부분)의 지도인데 모두 통과 도로로 계획되어 있다. 단독주택지에는 쿨데삭의 골목을 만들어 프라이버시나 이웃 간 소통이 가능하게 했으면 좋았을 것이다. 현재는 건축주들은 프라이버시 확보를 위해 중정 형태의 건축으로 답답한 건축물이 되었다.

우리가 단독주택을 원하는 이유가 무엇인가? 공동주택에 없는 마당에서 여유로운 햇살도 느낄 수 있고, 자연 가까이에서 꽃과 나무를 기르며 마음의 평안을 찾으려고 택한 것이다. 내 집과 골목길이 높은 벽으로 둘러싸인 삭막하고 안전하지 않다면 굳이 아파트를 떠날 필요가 없다. 더 나아가서는 마당에서 골목으로 나올 수가 있어야 하고, 골목에서 마을로 나올 수가 있도록 개발해야 더 나은 주거 형태로 많은 사람들이 찾을 것이다.

에피소드 13

골목길과 통과도로

> 골목길
>
> : 동네 사이사이를 가로지르는 좁은 길.
> 건물과 건물 사이의 간격이 좁은 경우 그 사이에 난 길.
>
> 도로
>
> : 사람이나 차가 다니는 길을 2개 이상으로 서로 연결시켜 놓은 것.
> 건물과 건물 사이의 간격이 넓은 경우 그 사이에 난 길.
>
> 80년대에 노래 중 골목길을 주제로 한 노래들이 꽤 많았다. 그중에 유명한 노래로 두곡의 가사를 올려본다.
>
> "오늘 밤은 너무 깜깜해 별도 달도 모두 숨어버렸어

네가 오는 길목에 나 혼자 서 있네 혼자 있는 이 길이 난 정말 싫어
찬 바람이 불어서 난 더욱 싫어 기다림에 지쳐 눈물이 핑 도네"

이재성, '골목길'(1985)

"골목길 접어들 때 내 가슴은 뛰고 있었지
커튼이 드리워진 너의 창문을 한없이 바라보았지
수줍은 너의 얼굴이 창을 열고 볼 것만 같아
마음을 조이면서 너의 창문을 한없이 바라보았지"

신촌블루스, '골목길'(1989)

두 곡 모두 빠른 템포에 흥이 충만한 노래인데 그 시절의 골목길은 그러하였다. 예전의 골목길은 친구와 이웃들과 마주치고 만나는 소통의 장소였고, 아이들의 놀이터이고 골목길에 사는 사람들의 생활의 장소였다. 우리는 이곳에서 친구들과 딱지치기, 구슬치기, 오징어게임도 하고 축구까지도 하였는데 구도심의 골목길 외에는 어린 시절에 동네에 학생들이 뛰어놀 공간이 없었기 때문이다. 신도시가 생기면서 녹지와 놀이터, 공원과 운동시설들이 많아져 아이들이 안전하고 즐겁게 보낼 수 있어 다행이라 생각된다.

자동차가 급속히 보급되면서 이제는 골목길보다는 통과 도로로 변하면서 자동차 위주의 구획을 한다. 자동차보다는 보행 중심으로 지나가는 길보다는 머무는 길로 만드는 계획이 필요하다. 우리의 골목길은 50m의 막다른 구조이므로 도로보다는 골목길로서의 역할에 더 많은 비중을 두고 이웃끼리 소통과 생활의 장소가 되기를 소원해 본다.

개발 방향을
논의하다

　우리 단지로 돌아와 보면, 여섯 집이 공동개발을 하면서 660평을 어떻게 개발할지를 놓고 고민하여 아래와 같이 추가적으로 일들을 해나가기로 하였다.

- 집터가 도로보다 낮으니, 도로보다 높게 1~4m 성토를 하여 배수가 잘되게 한다.
- 대지의 분할은 가운데 도로(50m)를 기준으로 양쪽으로 3개 필지로 나눈다.
- 대지의 제일 안쪽에 골목길 사람들의 모임 장소로 활용할 공용 장소를 만든다.

첫째, 도로와의 레벨 관계다

외부 도로와 단지 내 도로의 연결은 사람과 차량의 진입이 편리해야 하고, 기반시설의 통로가 되므로 대지의 레벨은 매우 중요하게 검토되어야 한다. 단지 내 도로에서 각 필지로의 연결도 또한 마찬가지이다.

대지는 전체적으로 북측의 진입도로보다 높게 성토를 하면서 여섯 집을 배치하기 위해 도로를 중심으로 양측으로 세 집을 배치하는 것을 기본으로 하였다. 골목길의 끝 막다른 곳은 골목길의 모든 집들이 공유할 수 있는 공간을 만들어 골목길 사람들끼리 모여서 같이 즐길 장소와 텃밭을 만들기로 했다. 각자의 집에서는 텃밭보다는 조경으로 나무와 꽃을 가꾸는 것을 위주로 예쁜 집을 하기로 하였다.

대지조성을 위해 천변으로 2~4m 높이로 식생블록을 둘러쌓으면서 성토를 하여 도로 높이 이상으로 평균 2m를 높였을 뿐인데 도로보다 낮아 꺼져 보였던 전답이 집터로 확 바뀌면서 동네 분들이 "명당 자리가 여기였네."라고 감탄할 정도였다. 성토를 하였더니 언덕으로 보였던 남. 서쪽의 약간 높은 둔덕이 내 집 앞의 정원처럼 보였고 앞이 트여서 한결 좋아졌다. 매입할 때부터 내 땅이라고 생각했지만 막상 성토를 해놓고 보니 "땅에도 주인은 따로 있다."는 말은 '내가 선택하는 것이 아닌 땅이 나를 선택하였구나'라는 생각이 들어 땅에게 감사함이 들었다.

둘째, 필지 분할의 방법이다

각각의 대지가 향과 조망 등에서 균등하도록 형평성을 최대화하고, 각 대지의 효용성을 극대화하는 규모와 땅의 모양을 갖출 수 있어야 한다.

중앙을 기준으로 100평씩 분할하게 되니 맨 앞의 토지들은 뷰는 제일 좋은 반면에 필지 형태가 반듯하지 못했고, 가운데 토지는 양측에 집들이 들어서는 반면에 반듯한 필지고 천변으로 향을 조정하면 뷰도 나쁘지는 않았다. 맨 뒤의 도로변 토지는 뷰는 제일 열악하지만 동서로 긴 대지여서 동서로 긴 일자형 건축을 하기에 안성맞춤인 토지가 되었다. 6채 모두 남향의 배치에 문제가 전혀 없기에 가운데 도로를 기준하여 3필지씩 양분하는 것으로 의견을 통일하였다.

누가 어느 곳을 선택하는 순서가 되는데 여기서 겹치는 상황이 생기면 난감한 상황이라 걱정이 많았는데 다행히 전망을 원한 두 사람은 맨 앞의 부지를, 대지의 모양이 좋은 것을 원한 두 사람은 가운데 부지를, 동서로 긴 대지를 원한 두 사람은 도로변 부지를 택하면서 겹치는 상황은 없었다. 자유로운 선택이였지만 각 필지별로 특성이 있어서 장단점이 드러나 욕심을 내지 않아도 좋은 필지로 만든 것이 주효했다.

셋째, 건축물 규모와 배치의 결정이다

각 필지의 특성도 중요하지만, 단지의 전체적 이미지 등을 고려하여 건축물 높이와 건물 배치의 전체적인 공감대를 만들이야 한다. 각 대지가 다른 모양이기도 했지만, 건물도 똑같은 건물을 하기보다는 각자 개성에 맞게 짓기로 하였다. 개발행위허가를 진행하기 위해서 건축 도면도 결정을 해야 되므로 토목도면을 만드는 시간에 다들 자기 집을 설계해야 했다.

평지에 남향의 배치가 확정되고 세부적인 사안들에 대해 아이디어를 한두 가지씩 내면서 우리 골목길의 지구단위계획도 만들어졌다. 작은 토지므로 단층으로 짓고 일부분에는 2층보다는 다락으로 건물 전체 높이는 5m 이하로 하기로 하였다. 집과 집, 골목길과 집의 필지 구획은 개비온과 울타리용 나무를 심기로 결정하였다. 골목길의 포장은 차도용 보도블록으로 시공하여 골목길 분위기를 확실하게 표현을 하기로 했다.

이렇게 단지의 전체적인 풍경을 그리면서 서로 간 합의를 하여 진행하게 되었다. 같이한 여섯 분이 합의가 쉬웠던 것은 소형주택을 하기로 한 처음의 약속도 있었지만, 합류한 분들이 건축사와 시공기술사를 가지고 있는 사람들이라 많은 내용을 알고 있어 쉽게 해결되었다. 6인 모두 각자의 버킷리스트인 단독주택 설계와 공사를 하려는 생각들이 대단하였다.

표 15. 주택단지 개발의 형태

구분	타운하우스형	자유형	비고
대지 규모	대형	중 · 소형	
개발 형태	건설 사업자	택지 개발자	
건축 주체	건설 사업자	건축주	
건물 형태	동일한 건물	다양한 건물	
건축 규모	대형	중소형 가능	
마을 형태	도시적(외부 이미지)	전원적(내부 이미지)	
위험 요소	미분양 건물	나대지의 토지	

개발행위허가를
진행하다

　여섯 집 건축주들 간의 협의를 완료한 후에는 개발행위허가를 진행하여야 한다. 단지개발이 구체적인 모습을 갖추면서 인허가를 진행할 토목설계업체를 결정하게 되어 몇 군데 확인 절차를 거쳐 한 업체와 계약하게 되었다. 전체 토지에 대한 계약이 아니고, 각 필지별 계약이라 필지별 400만 원으로 6필지에 2천400만 원으로 계약했다. 계약금 25%, 개발행위허가 시 50%, 개발행위허가 준공 시 25%를 지불하는 조건으로 하였다.

토목설계업체와 협의를 통한 최종 단지 계획도

    비도시지역의 전답을 주택용지로 변경하는 개발행위허가는 소유자가 1,000m^2 이내의 면적 내에서만 가능한 농지법에 따라, 두 필지로 나누어 2,000m^2는 개발하고 잔여 182m^2는 공동텃밭으로 사용하기로 하였다. 개발행위허가는 여러 법이 복잡하게 엮여 있다.

개발행위허가(주택 신축을 위한 경우만 검토)				
지역		면적	법령	기타 사항
도시 지역	자연, 생산녹지	10,000m^2 미만	국토법	
	보전녹지	5,000m^2 미만	국토법	
비도시 지역	보전, 생산관리	30,000m^2 미만	국토법	농지법은 1,000m^2 미만
	계획관리지역	30,000m^2 미만	국토법	
	자연환경보전지역	5,000m^2 미만	국토법	

개발행위허가를 받기 위해서는 해당 토지의 개발계획도면과 건축물 배치도 등을 제출하여야 하는데 도로 연결, 기반시설 설치, 대지조성고의 설정, 절성토부 해결 방법 등의 내용을 담아서 진행한다. 또한, 주변 토지와의 관계와 해당 토지까지의 진입로 상황 등도 아주 중요한 사항이 될 수가 있다.

　또한, 서류 제출 전에 건축주들이 두 가지를 해야 했다. 하나는 확정 측량한 자료가 필요 해서 한국국토정보공사에 측량위치와 측량비용을 입금하니 15일 전후에 측량이 가능하다는 통보가 왔다. 비용은 230만 원이 들었다. 두 번째는 각 필지의 건축 배치도가 있어야 해서 각 집은 급하게 건축도면과 배치도 설계를 하게 되었다. 이 급하게 디자인한 설계도는 추후 건축공사를 하면서 많은 변화가 생기게 된다.

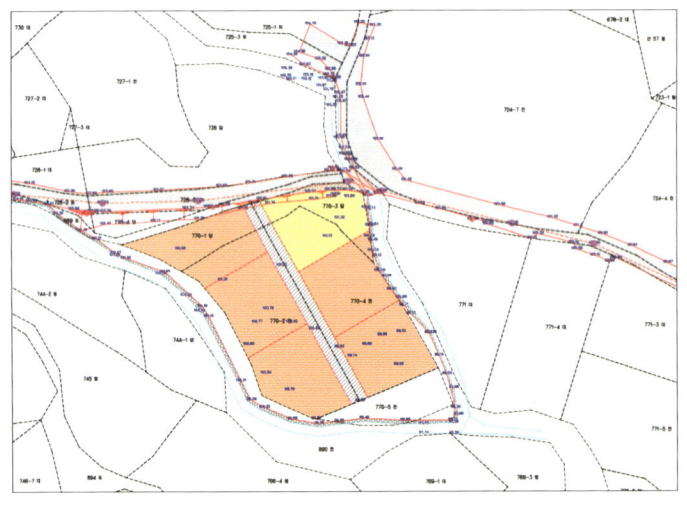

토목설계업체에 의뢰하여 만든 허가용 최종 도면

기반시설 중 오수는 북측도로의 하수관에 직관 연결로 신청했지만, 하수도과에서 도로 직관 연결은 어렵다는 결정을 했다. 마을에 많은 주택들이 들어서면서 마을 정화조 용량이 초과되어 오수정화조를 대지 내에 설치하는 것으로 결정이 되었다. 그나마 상수도 인입과 한전의 전력 인입은 별 무리 없이 진행되어 다행이었다. 각 집은 오수정화조 설치비 600만 원, 상수도 인입비용 300만 원, 전기 인입비용은 15만 원 정도를 추가로 지출을 하게 되었다.

3장
대지조성 공사

대지조성 공사는 임야나 전답을 대지로 바꾸는 공사이다. 토지가 대지이면 안 해도 되는 일이다. 주요 공사 내용은 기반시설 인입과 보강토나 옹벽을 설치하고, 흙을 반입해서 성토를 하는 것이다. 기반시설들인 4m 이상 도로, 오·우수관, 상수도를 각 세대의 집 앞까지 연결하며, 각 기반시설의 인입에는 비용이 발생한다. 각 세대의 건물 위치에 맞춰 진행해야 한다. 대지 외곽으로 보강토나 옹벽, 석축을 쌓아 대지의 경계를 형성해야 한다.

대지조성 공사는 좋은 흙의 반입은 아주 중요하다. 내 마당의 흙은 나무와 작물을 키우는 원천이기에 돌이나 암석이 섞인 흙은 문제가 생긴다. 반입토가 구해져야만 공사를 시작할 수가 있는데, 봄과 가을에는 흙을 구하기 쉬운 반면에 여름과 겨울에는 흙 구하기가 어려운 시기이다.

기반시설 인입

4m 이상 도로, 오·우수관, 상수도 집 앞까지 연결되어야 한다.

각 기반시설의 인입에는 비용이 발생한다.

각 세대의 건물 위치에 맞춰 진행해야 한다.

반입(반출)토

좋은 흙의 반입은 아주 중요하다.

내 마당의 흙은 나무와 작물을 키운다.

돌이나 암석이 섞인 흙은 문제가 생긴다.

반대로 나쁜 흙이 있으면 반출하기 어렵다.

보강토 옹벽

대지를 평탄하게 만들기 위해 공사를 한다.

보강토, 옹벽, 석축 등으로 시공한다.

옹벽이 높으면 안전에 만전을 기해야 한다.

공사업체 선정

　토목공사 업체는 공사 규모가 작아 큰 기업에 의뢰할 수가 없는 상황이라서 작은 업체와 진행할 수밖에 없었다. 친구가 소개한 업체 두 곳에서 견적을 받은 후, 견적서의 내용이 자세하게 작성되고 금액이 작은 업체에 맡기게 되었다. 소규모업체라 믿고 맡겨도 될까? 공사를 잘해줄까? 속 썩이지는 않을까? 공사하다 돈을 더 달라고 하지 않을까? 하는 걱정이 있었지만 친구를 믿기에 조금은 안심이 되었다.

　주요 공사는 식생블록 설치와 성토였고, 오·우수관로를 도로에 매설하는 것이 다였다. 옹벽 위에 단지 울타리 설치는 6명이 직접 해보려 하였고, 도로에 보도블록의 포장은 제일 마지막 집의 건축공사 완료 후에 하려고 제외되었다. 총비용으로 1억 5천만 원을 지불하기로 하고 계약하게 되었다.

종 별	규 격	단위	수량	노무비		재료비		합계	비고
				단가	금액	단가	금액		
토목공사(광평공사)								26,390,000	
가.토공								14,880,000	
절토	굴삭기	M3			-		-	-	
성토	덤프	M3	4,800	1,400	6,720,000	900	4,320,000	11,040,000	
정지작업	굴삭기	M3	4,800	800	3,840,000			3,840,000	
운반	덤프	M3			-			-	
나.도로부분								11,810,000	
집수정	600*600	ea	4	140,000	560,000	220,000	880,000	1,440,000	
스틸그레이팅(차단배수로)	D=300	m	8	120,000	960,000	130,000	1,040,000	2,000,000	
우수관매설	D=400	m	50	70,000	3,500,000	58,000	2,900,000	6,400,000	
우수관매설	D=300	m3	10	60,000	600,000	52,000	520,000	1,120,000	
오수관매설	D=150	m	10	25,000	250,000	30,000	300,000	550,000	
보도블럭포장	투수블럭	m2	202		-		-	-	
A. I부지 경계펜스								30,824,000	
맷돌깔이	410+510+600	ea	3	55,000	165,000	65,000	195,000	360,000	
U형홈통설치	D=200	m	43	25,000	1,075,000	33,000	1,419,000	2,494,000	
오수관매설	D=150내황크란	m	12	25,000	300,000	30,000	360,000	660,000	
식생블럭	1000*500	m2	130	60,000	7,800,000	80,000	10,400,000	18,200,000	
보강토설치	h=250	m2	27	60,000	1,620,000	70,000	1,890,000	3,510,000	
펜스설치	h=1200	m3	47		-		-	-	
블럭포장	투수블럭	m2	191		-		-	-	
정화조	2ton	조	1		-	5,600,000	5,600,000	5,600,000	

공사내역서의 일부, 주요 공사 내용은 성토와 식생, 보강토블록 쌓기이다.

착공을 하기 전에, 마을 한가운데의 토지이고 주민들의 통행이 빈번한 곳이므로 마을회관에서 이장님 등 동네 분들께 공사할 내용을 설명하고, 토지 바로 뒤에 위치한 절 영축사를 비롯한 토지 주변 이웃들에게 소음과 교통에 불편을 끼칠 수 있어서 양해를 구하고 시작하게 되었다. 조용한 동네가 시끄럽게 될 것 같아 미안함을 안고 동네 분들에게 말씀드렸는데, 걱정하지 말라고 하고, 앞으로 이웃으로 살아야 하니 잘 지내자고 해서 큰 걱정거리가 사라졌다.

공사 착수부터
준공까지

　대지조성 공사의 주 공사는 천변에 식생블록을 2~4m 쌓는 것이었는데 약 120m의 길이였다. 바로 근처의 하천도 동일한 방식으로 이미 진행된 곳이 여러 군데가 있어 주변과 특별한 차이가 나지 않는 공사 내용이었고, 북측의 기존 도로변의 20m 구간은 식생블록보다 황토색 보강토블록을 0~1m의 높이로 시공하였다. 우선, 식생블록을 쌓기 전에 공사할 위치 파악과 필지의 분할을 위해 다시 한국국토정보공사에 의뢰해서 확정 측량한 좌표석을 가지고 공사를 진행하게 된다. 측량한 지점과 현장의 위치를 검토하면서 터 파기를 하는데 토목설계도와 다르게 진행하는 부분이 나오게 되었다. 오래된 은행나무가 대지 내에 위치하는데 은행나무를 살리려면 식생블록을 은행나무 안쪽으로 시공해야 했다. 또한, 기존 도로 접하는 곳에는 15㎡ 정도가 현황 도로로 쓰이고 있어 그 안쪽으로 공사를 했고, 남측의 천변도 기존의 돌쌓기 부분이 우리 땅 안쪽으로 많이 들어와서 공용부지로 쓸 텃밭도 30㎡ 정도를 잃어버린 꼴이 되었다. 현황 도로와 하천, 나무 등의 지장물 때문에 약간의 토지를 잃게 되었다.

토지를 구입할 때 경계측량을 꼭 해보고 사야 할 이유가 있었다. 정부나 지자체의 토지로 쓰이거나 이웃이 토지가 점유를 하고 있을 경우에는 내 땅이라도 사용의 제한이 있을 수가 있다. 토지 경계도 직선이면 좋지만 부정형으로 들쭉날쭉하면 자투리땅은 공사할 수가 없어 사용하기가 매우 어려운 토지가 된다. 우리 대지는 45㎡ 정도만 제한을 받았기에 다행이었는데 그렇지 않아도 작은 대지에 제한이 많았으면 큰 문제가 될 뻔하였다.

토목공사를 착수하고 보니 난감한 일이 발생하기 시작하였다. 공사를 시작하였다기에 이틀 후에 현장을 가보니 대지경계선을 따라 공사를 해야 하는데 터 파기 선이 경계선 안쪽으로 들어온 곳도 눈에 띄고, 식생블록이 아닌 보강토블록 공사가 있는 줄도 모르면서 장비 두 대와 기능공 3명이 땅을 헤집고 있었다. 도면보다는 대충 관행대로 하면 되는 거라는 생각으로 무작정 진행하여 계약했던 사장을 찾으니 친척이 상을 당했다고 하여 이틀 후에 올 수 있다고 하니 난감한 상황이 되었다. 이후부터 현장에 매일 출근하면서 도면을 보여주며 지적하는 것이 일과가 되었다.

개발 전 사진(북측 도로변)

　성토하는 땅에서 가장 중요한 것이 반입할 흙을 구하는 것인데 때를 잘 만나야 한다. 토목업체들끼리 연락을 주고받으며 반출할 곳과 반입할 곳의 이해가 맞아떨어질 때 적은 금액으로도 공사가 가능한데 보통 25톤 트럭 한 대당 5만원 가격이 공식이라고 보면 된다. 문제는 반입토의 상태가 좋아야 하는데 현장에 처음으로 들어온 흙의 상태가 좋아서 계속해서 반입을 허락 후 진행을 하였는데, 마지막 대지 상부에 쓰일 30대의 반입토는 10만 원짜리 양질의 토사를 반입하는 게 좋다고 비용추가를 요구하여서 지금 들어오는 흙도 나쁜 상황이 아니라 거절하였는데 이 마지막 30대의 흙이 지금껏 들어온 흙 중에 제일 상태가 안 좋은 돌이 많이 포함된 흙이었다. 흙이 반입될 때는 별 클레임을 안 걸었는데 이것이 추후 정원과 텃밭을 만들 때 힘들게 하였다.

개발 중 사진(남측에서 본 전경)

우리 집만이 아니라 여섯 집이 이사 올 터전을 만드는 중책을 맡은 상황이라 매일 별 탈 없이 진행되기를 바랄 뿐이었다. 대지 상태의 땅을 사는 게 속 편하겠다는 생각이 매일 들었다. 토목업체와 관계가 틀어지고부터는 사사건건 업체 대표와 대립 관계가 지속되었다. 이런저런 문제를 뒤로하고 현장이 조성될수록 대지는 근사해지니 지나다니는 마을주민들이 "여기가 명당 자리였네."라고 말을 해주어 그나마 멘탈을 유지할 수가 있었다.

공사비의 집행을 내가 책임지고 하면서 토목업체와 계속 협의했는데 현장 여건이 달라지거나 재시공을 했다며 추가 비용, 성토 흙도 마지막 30대 정도는 좋은 흙으로 한다며 추가 비용, 심지어 어느 날은 새벽에 전화로 내일부터 장마라 수해가 날 것 같다며 각 필지별로 우수관을 설치해야 한다고 준공한 후에도 비용을 요구하는 것을 보면서 자기 손해는 절대 안 보려는 업체들의 습성을 알아가게 되었다. 모든 공사의 계약은 추가 요금이 없다는 것을 계약서에 명시를 해야 할 것 같았다. 계약서와 현장 상황이 틀린 것은 당연하고 그 내용은 토목업체가 더 잘 알 것이기 때문이다.

이렇게 감독도 내가 하고 문제 사항도 내가 하고 마을 사람과도 내가 협의를 하면 굳이 업체에 위임하지 않고 소규모 토목공사에 투입되는 사람들과 장비업체를 수배하여 직접 직영공사를 하는 것이 나을 뻔하였다.

공사 완료 후 사진

대지에 쓰인 총비용

토지매입부터 건축주 간의 필지분할 협의와 설계업체 선정, 개발행위허가와 기반시설 인입을 포함한 대지조성 공사까지 약 1년의 시간이 소요되었다. 이 기간에 토지대금은 당연한 것이지만 대지조성을 위한 비용도 의외로 많은 돈이 들어가다 보니 단지개발 후 토지를 판매하는 곳의 가격이 주변의 땅값보다 많은 차이가 나는 것이 이해되었다.

그럼 그 1년간의 비용들을 세세하게 일자별로 사용처와 함께 설명한다.

지출항목	금액	지출일(비고)
토지 대금	530,000,000	22.05.17(잔금일 기준)
경계측량비	865,000	22.03.22(잔금지급전 부지경계를 확인 필요)
취득세/등기비	20,086,260	22.05.17(취득세 3.4% + 등기비용)
부동산비	5,247,000	22.05.17(매매대금의 0.9% 적용)
토목설계비	24,000,000	22.05.30(계약금/ 중도금/ 잔금 분할 지급)
분할측량비	2,340,800	22.05.30(토지 분할 측량비용)
농지전용부담금	42,000,000	22.11.30(㎡당 21,000원 납부)
인허가보증보험	420,000	22.11.30(토목공사 보증보험)
토목공사비	150,000,000	23.04.20(공사 진행에 따라 후불로 지급)
상수도 인입비	10,213,400	23.05.15(상수도사업부서에 납부)
전기 인입비	800,000	23.05.15(한전에 납부)
합 계	785,972,460	130,995,410/1인(110평)

평당 120만 원에 110평의 대지를 1억 2천만 원으로 마련하였다.
세부적으로 토지 구입 비용 84만 3천 원과 부대비용 35만 원으로, 부대비용으로 토지가격의 40%를 사용하였다.

    비용을 항목별로 세분하여 검토하면, 토지대금과 연관된 비용이 약 12.8%이다. 취등록세와 등기비용, 부동산비는 토지 대금에 연계된 비율로 납부를 하면 된다. 대지인 땅을 살 경우에도 들어가는 비용들이다.
    경계측량비와 분할측량비는 한국국토정보공사에 의뢰하여 비용을 지불하는데, 요금을 납부하고 15일 정도 지나야 측량하러 온다. 경계측량은 주변 땅과의 문제를 확인을 위해 매매 완료 전에 하였고, 개발행위허가를 위해서 각 필지를 분할하기 위해서 한 번이 더 추가되었다.

농지전용부담금은 개별공시지가의 30%의 금액에 전용할 면적을 곱한 금액을 납부하여야 한다. 우리는 개별공시지가가 7만 원/m^2이라 2만 1천 원/m^2이 적용되었다. 개별공시지가가 높은 경우에도 최대 5만 원/m^2 까지만 적용한다. 즉, 개별공시지가가 16만 7천 원/m^2 이상이면 동일하게 5만 원/m^2을 적용받는다고 생각하면 된다. 우리는 2,000m^2에 대한 비용으로 4천200만 원을 납부하였다.

대지로 조성하여 건축을 하기 위해서는 개발행위허가를 필히 거쳐야 한다. 개발행위허가는 보통 토목설계업체에 의뢰하는데 각 관청 부근에 있는 측량사무소가 이 일을 한다. 보통 필지당 400만 원을 받고 있어 6개 필지라서 2천400만 원이 지급되었다. 지급시기는 계약금, 개발행위허가 완료, 준공처리 3단계로 나누어 지급하면 된다.

토목공사는 땅의 여건과 환경에 따라 다를 수밖에 없는데 진입도로를 기준으로 대지를 조성하려면 보통 성·절토가 발생이 되며, 높이차가 심한 경우는 식생. 보강토블록이나 콘크리트 옹벽을 설치한다. 우리 땅은 220m 길이의 식생블록을 1~4m 높이로 성토하고, 기반시설 인입을 하는데 공사비로 1억 5천만 원이 들었다.

기반시설의 인입을 위해서도 비용을 납부해야 공사가 진행된다. 상수도와 하수도는 집 앞의 도로에서 인입을 시키더라도 많은 비용이 들어간다. 우리는 북측 도로변에서 바로 상수도 인입을 했어도 1천만 원을 납부하였다. 인입 길이가 늘어날수록 비용이 많아진다. 하수도의 경우, 도로 오수관에 직결이 가격도 적게 들고 향후에 유지보수나 정화조 소음 발생이 없어 가장 효율적인데 우리의 경우는 마을 정화조 용량이 초과되어 각 필지에 오수정화조를 설치하는 데 한 집당 600만 원의 비용이 들었다. 전기의 경우는 80만 원으로 상대적으로 비용이 많지 않았지만, 공사용 가설전기의 설치 비용이 추가로 10만 원이 든다.

시 한 편

또 다른 고향

윤동주

돌아와 본다.
산골로 돌아와 눈 녹는 물소리를 들을 때에,
내 기쁨은 크다.
늦은 밤, 어머니가 차려주시던
공기밥과 조촐한 찬도 그리워지고,
따뜻한 방 안의 평화도 고맙고,
나는 또 한 편의 시를 쓴다.
사랑하는 이들,
이제는 멀어진 이들도 떠올리며,
그러나 내 마음속에는
또 하나의 고향이 있다.
고향보다 더 그리운 곳,
내 마음이 찾아가는 곳.
나는 그곳을 꿈꾸며,
오늘도 길을 나선다.

고향의 추억을 더듬다가 없어진 고향 마을을 지나가다 보면 그렇게 헛헛할 수가 없다. 좋은 추억이라야 친구들과 뛰놀던 들판, 어른들이 매년 하던 풍년을 위한 기원제, 가을에 작물 수확의 기쁨 등일 뿐 우리 어릴 적 시골은 힘들고 배고픈 세월이었다. 서울로 이사한 우리 집은 그나마도 형편이 나은 편이어서 나는 대학교까지 졸업하였지만 시골 친구들 반 이상은 대학은 꿈도 못 꾸던 시절이었다.

지금도 도시보다 모든 것이 부족한 곳이 시골의 우리 고향이다. 예전에는 힘들고 배고파서 찾아가던 곳이 도시였고, 서울이었다. 서울과 수도권에 너무나 많은 사람들이 몰리면서 이제는 도시에서도 힘든 것은 별반 차이가 없다. 차라리 시골에 있는 우리 고향이 편리함은 덜하지만, 산과 들을 바라보며 넉넉함을 느끼고, 마을 골목길에서 이웃과 반갑게 인사하고, 마을 행사를 같이하면서 공동체 의식도 생겨 즐겁고 웃음 가득한 생활을 할 수가 있다.

PART 5.
건축설계부터 준공까지

1장
전원주택은 맞춤복이다

맞춤복은 개인의 신체 치수에 맞춰 개별적으로 제작된 옷으로 착용자의 체형, 스타일 선호도, 구체적인 요구사항을 반영하여 제작하므로, 몸에 더 완벽하게 맞는 핏과 높은 품질을 기대할 수 있다. 또한, 자기의 고유한 개성의 스타일을 반영할 수 있다.
단점은 기성품에 비해 가격이 비싸고, 제작 시간이 오래 걸리며, 수선이나 관리가 더 필요할 수 있다.

인생에서 가장 큰 소비인 전원주택을 맞춤복으로 하려면 자기에 맞는 규모와, 디자인 스타일, 구체적 요구사항을 반영하여 내게 맞는 완벽하고 높은 품질의 주택을 지어야 한다. 나만의 고유하고 개성적인 디자인을 반영해야 내 집에 대한 애정이 생기고 유지관리에 진심을 다하게 된다.

도심 단독주택

대지는 보통 70~80평 정도다.
건폐율이 50% 이하, 3층으로 되어 있다.
주차장 설치하면 마당이 현저히 적다.
마당을 위해 피로티 주차장으로 한다.

타운 하우스

대지는 보통 100평 정도다.
건폐율이 40% 이하, 3층으로 되어 있다.
작은 마당과 정원을 가질 수가 있다.

전원주택

대지는 보통 100평을 넘는다.
건폐율이 20% 이하, 3층으로 되어 있다.
넓은 마당과 정원, 텃밭을 가질 수 있다.

주택 구입은 인생에서
가장 큰 소비다

인생에서 주택 구입은 가장 큰 소비일 것이다. 그것이 공동주택이든 단독주택이든 마찬가지다. 아파트는 기성제품이고, 전원주택은 맞춤복이라는 차이가 있을 뿐이다.

우리나라 주택은 분양주택과 직영주택의 두 가지로 구별이 가능하다. 우리는 아파트와 같은 공동주택들뿐만 아니라 단독주택까지도 분양을 받는 데 익숙해져 있다. 누군가 지어놓은 집을 보고 자기가 생활하기에 합당하면 대금을 지불하고 들어가 살게 되어 있다. 아파트든 단독주택이든 넓은 거실과 부엌을 중심으로 하고 방을 양쪽으로 배치하고 화장실을 넣는 평면일 것이다. 건물은 역시 직사각형으로 그리고 상상하게 될 것이다. 슬프지만 이것이 현실이다.

건축주가 직접 지은 주택은 어떤가? 1~2층을 오픈한 높은 거실과 2층으로 가는 계단, 다락과 천창, 조망을 위한 넓은 창 등 요즘 유행하는 공간이 있을 뿐 별반 다르지 않다. 건물 형태가 거의 직사각형이 많기 때문이다. 건축주가 직영을 해도 시공자에게 맡기면, 이 또한 몇몇을 빼곤 분양한 주택과 비슷한 경우가 많다. 무언가 색다르길 기대하지만 "집 지으면 10년을 늙는다."라는 말처럼 힘들기 때문에 시공자에게 일임하여 짓게 된다. 시공자들은 경험이 쌓여 공사비가 적게 들고 공사의 편리성과 하자의 발생이 적은 공사를 선호하게 마련이다. 분양주택을 짓던 그동안의 방식에서 벗어나기 어렵기 때문이다.

전원주택의 설계 의뢰를 받아보면, 젊은 사람들은 카페와 같은 집을 원하는 듯하다. 근생시설인 카페의 멋진 디자인을 자기 주택에 들이려고 한다. 카페의 설계와 주거 기능을 담은 주택 설계는 접근 방식이 너무 다르며, 주택 설계가 훨씬 어려운 것이다. 카페는 대공간으로 계획되고, 조망을 확보하고 내외부 디자인에 초점을 맞춰 정답을 찾을 수가 있는 설계이다. 주거 시설은 각각의 공간이 작고 각 실간의 동선의 검토가 필요하며, 안전성과 프라이버시를 확보해야 하고, 일조, 환기, 통풍, 소음 등을 위해 향과 단열, 기밀 성능까지 확보해야 한다. 너무나 많은 고려 사항으로 정답이 없는 설계라 고민해도 끝이 없다. 주택 평면이 늘 거기서 거기인 이유이기도 하다.

전원주택은 남은 인생이 계속 늘어가면서 30년 이상의 세월을 보내야 하는 건강한 집이어야 한다. 노년에 이사도 힘들지만 전원주택은 매매가 힘들기 때문이다. 건강한 전원주택은 건물과 마당, 정원의 관계에 먼저 초점을 맞추어 배치한 다음, 건물은 주변과 어울리게 디자인이나 미관을 살려야 한다. 부부가 생활패턴에 맞는 실용적인 공간을 어떻게 할지, 규모는 얼마가 좋을지, 창과 문을 어디로 하고, 마당에 시그니처 공간은 어디로 할지 등 효율적인 경제적인 관점에서 접근하는 것이 바람직하다. 자신의 생활을 온전하게 담을 수 있는 상상을 실현해 주는 집이어야 남은 인생이 즐거울 것이다.

　이러한 나만의 맞춤 주택을 지으려면, 시공자를 먼저 찾는 것보다는 건축사를 먼저 찾아가면 좋을 것이다. 건축사 선택 방법은 설계비용을 많이 부르는 사람에게 맡기면 좋다. 여러분의 맞춤 주택을 몇 달 동안 같이 고민하면서 설계를 해줄 것이다. 설계는 누가 고민을 많이 하느냐에 따라 결과가 많이 달라진다. 인생의 가장 큰 소비를 하면서 그 기본이 되는 설계비를 아끼려 하는 것이 매우 안타깝다.

표 5. 전원주택 설계 방식

설계 주최	시공사	건축사	건축가
설계 의뢰	별도 법인 건축사	주택 전문 건축사	대형 & 유명 건축가
설계 비용	저가(공사비 연계)	중가	고가
기본 도면	시공사 기존 도면	건축주 스케치	새로운 기획
설계 기간	한 달이내	3개월 소요	6개월 소요
미팅 시간	2회	4회	6회
도면 상태	허가 도면	허가 도면, 상세 도면	허가 도면, 상세 도면, 자재 스펙
건물 규모	중형 이상	중·소형	대형
건물 형태	2층에 직사각형	다양함	다양함
실내 형태	중복도 많이 적용	편복도 많이 적용	다양함
외부 연계	필요성 적음	아주 중요함	중요함
설계 사유	방송, 잡지 영향	주변과의 조화	나만의 특별한 설계
디자인	인테리어 위주	아웃테리어 위주	아웃테리어 위주
디자인 요소	가구, 가전이 중요	**단순함 추구**	다양함 추구
1. 거실 오픈	많이 채택	**미채택**	많이 채택
2. 전망용 창	많이 채택	**많이 채택**	많이 채택
3. 경사 천정	많이 채택	**무조건 채택**	많이 채택
4. 시스템 창	많이 채택	**잘 안 함**	많이 채택
5. 벽난로 등	많이 채택	**잘 안 함**	많이 채택
시공 업체	시공사와 계속 진행	최저가 업체	적정 업체 선정
견적 비용	적음(익숙한 공사)	중간	많음(자재 스펙)
위험 요소	**단독주택이 된다**	**공사 진행 어려움**	**건축가의 집이 된다**
공사 진행	업체에 일임 가능	건축주 관심 필요	감리비용 별도 지급
좋은 설계가 필요하다	1. 설계는 건축의 시작이다. 책임감 있는 건축사와 함께해야 한다. 2. 건축주 생활을 담는 맞춤형 설계는 건강한 우리 집을 만든다. 3. 좋은 설계는 시공사와 분쟁이 줄고, 유지관리도 편리하게 한다. 4. 또한, 향후 주택 매매 시에도 좋은 결과를 낼 수 있다.		

아파트 평면은 잊어라

전원주택은 공동주택을 잊는 데서 출발해야 한다. 제일 먼저 아파트의 평면과 생활패턴을 버려야 한다. 아파트의 창은 채광과 환기, 외부 경치를 볼 수가 있고, 디자인의 요소로 중요하지만 사람의 동선이 오가는 통로의 역할은 할 수가 없는 커다란 제약을 가지고 있다. 즉, 실내 생활에 가장 효율적으로 만든 설계인 것이다. 전원주택에서 창은 사람들의 동선이 오가는 통로의 역할이 가능한 문으로 설계할 수가 있다. 마당과 정원으로 어느 곳에서도 출입이 가능한 야외 활동이 중점이 되는 생활이 가능하다.

33평(전용84㎡) 아파트 도면들

아파트 평면도를 몇 개를 보면, 남측으로 3-4BAY 형태에 방과 거실을 배치하는 것이 20평이든 40평이든 거의 동일하다. 현관-방 1(2)-거실, 주방-안방 순으로 배치될 수밖에 없고 사각형의 건물로 설계된다. 아파트 외벽의 2면은 법적 인동 거리를 위해 측벽으로 막히게 되어 이런 평면이 최선이 된다. 단독주택은 4면 어디에도 창과 문을 설치할 수가 있는 커다란 무기를 가지고 있는데, 각종 제약 때문에 어쩔 수 없이 만든 아파트 평면을 따라 할 이유가 전혀 없다. 건축설계의 방향이 완전하게 틀렸는데도 그동안의 생활에 익숙해진 아파트의 평면을 고집하는 사람들이 많은 것도 현실이다. 분양받은 주택에서는 거기에 맞추어 살면 되니 후회할 수가 없지만, 내가 설계하고 건축했는데 불편함이 생기면 많은 후회를 하게 되어 있다. 아파트의 평면도 잊고 아파트 생활패턴도 완전히 잊고, 가족들의 라이프스타일에 맞는 공간과 디자인을 구성해야 한다.

표 6. 아파트와 전원주택의 설계 차이점

항목	아파트	전원주택	비교
건폐율	15% 내외	20~30%	
건물 배치	가장 중요	평면만큼 중요	
남향 배치	어려움(동 간 거리)	쉬움(이웃집과 거리)	
담장 대문	옹벽과 철재류	자연석과 목재류	
건물 구조	철근콘크리트	다양(목조가 가장 많음)	
건물 형태	직사각형	다양함	
실내 형태	중복도 형태	편복도가 적합	
외부 연계	없음(향과 조망)	매우 중요(출입이 가능)	
층수	단층(계단 없음)	2층 가능(계단 중요)	다락 포함
디자인	인테리어	아웃테리어가 더 중요	외장재 다양
디자인 요소	가구, 가전이 중요	디자인 포인트가 다양	나만의 공간
단열 방식	내단열(외부 페인트)	외단열 (종류 다양)	
필요 자재	도배, 타일, 바닥재 등	도장,목재,벽돌,징크 등	
자재 선택	유행에 맞는 자재	내구성있는 심플한 자재	
유지 관리	관리사무소 일임	건축주가 직접	

에피소드 14

아파트에서 건물 배치를 배운다

건폐율이라는 것이 있다. 대지면적에서 건물이 앉은 면적이 차지하는 비율이다. 아파트는 보통 15%의 전후에서 정해진다. 건폐율이 낮을수록 배치의 경우의 수가 많아진다. 아파트 배치는 이 많은 경우의 수 거의 전부를 모형으로 만들어서 최적인 것을 선택한다.

전원주택도 건폐율이 20~30% 정도라 건물 배치 여부가 대단히 중요한 요소이다. 전원주택도 많은 경우의 수가 있으므로 최소한 모형은 만들어서 여러 방법을 강구 하면서 최적의 안을 찾아야 한다.

단독주택들은 건폐율이 보통 50%가 넘으므로 건물 배치가 거의 정해져 있다. 직사각형 대지에 건폐율이 50%를 넘으면 건축선 이격과 주차장 위치를 정하면 건물이 앉을 자리가 정해진다. 신도시는 지구단위계획까지 있어서 배치는 거의 확정이라고 보면 된다. 건축주나 건축사가 고민할 이유가 전혀 없다.

도심 단독주택과도
달라야 한다

도심의 단독주택들은 건폐율이 보통 50%라서 건물이 주가 되고 있으며, 주차장을 만들면 마당과 정원은 규모도 적고 나무 몇 그루를 심어놓은 것으로 끝나는 형태이다. 건축물의 외관과 내부 디자인에 설계의 역량을 쏟을 수밖에 없는 상황이 된다. 교외의 전원주택은 건폐율 20%인 자연녹지와 보전관리지역이나 40%인 계획관리지역에 많이 짓게 되는데, 건축물도 중요하지만, 건물을 제외한 60%와 80%의 야외공간에 대한 고려가 더 중요하다. 건물의 외관과 내부 디자인보다는 건물 배치와 외부와의 조화에 더 크게 신경을 써야 한다.

단독주택의 1층 평면도

단독주택의 평면도를 검토해 보면, 아파트의 도면과 큰 차이가 없다. 2층으로 가는 계단이 있는 것과 거실 상부를 오픈하여 높게 만든 것 정도만 다르다. 도심 단독주택은 프라이버시 차원에서 창의 크기가 작으며, 중정의 형태로 많이 설계하게 된다.

전원주택은 기존의 단독주택과도 완전하게 다르게 접근할 필요가 있다. 외부공간이 많으므로 건물 배치에 가장 중점을 두고 설계를 하여야 하며, 각각의 실들도 외부와 연계를 우선하여 검토하는 게 좋다. 단독주택처럼 외부와 연계하기가 어려운 도심 단독주택 도면은 참고용으로도 사용하면 안 된다.

표 7. 단독주택과 전원주택의 설계 차이점

항목	단독주택	전원주택	비교
건폐율	50~60%	20~30%	
대지 형상	직사각형	다양한 형태	
건물 배치	대지와 동일	다양한 형태	
남향 배치	어려움(이웃집 가까움)	쉬움(이웃집 멂)	
담장 대문	집이 담장이고 대문	자연석과 목재류	
건물 구조	철근콘크리트 많음	다양 (목조가 가장 많음)	
건물 형태	직사각형	다양한 형태	
실내 형태	중복도 적용	편복도가 적합	
외부 연계	전면의 한 면(제한적)	4면 가능(자유로움)	
층수	2층 이상(계단 중요)	단층 또는 2층	다락 포함
디자인	인테리어 비중 높음	아웃테리어가 더 중요	외장재 다양
디자인 요소 1	실내 공간에 집중	실외 공간에 집중	나만의 공간
디자인 요소 2	스킵 / 거실 상부 오픈	담장, 마당, 정원과 텃밭	
단열 방식	내·외단열 중에서 적용	거의 외단열을 사용	
내부 자재	매우 다양한 재료 사용	도배, 도장, 목재, 벽돌 등	
자재 선택	유행에 맞는 자재	내구성있는 심플한 자재	
유지 관리	건축주가 직접		

에피소드 15

도심 단독주택에서 외부 디자인을 배운다

전원주택을 보면 거의 다 비슷하다. 지어진 시대별로 특성이 조금씩 보일 뿐이다. 종종 개성 있는 주택도 보이지만, 2층으로 경사지붕의 형태에 지붕은 징크나 기와를 사용하고 벽은 스타코나 세라믹사이딩을 사용한 건물들이 제일 많다.

도심 단독주택들을 보면, 다양한 재료들로 지어져 개성 있는 건물이 많이 있다. 전 세계의 특색 있는 외장재료가 계속 수입되면서 눈길을 끄는 주택들이 많아졌다.

전원주택의 외부 디자인이 고민인 사람들은 잡지나 주택 박람회에 다니면서 자료 조사와 상담을 받지만, 가장 좋은 것은 신도시 단독주택을 자주 보러 다니면서 내 눈길을 끄는 자재와 디자인 형태를 결정하는 것이 훨씬 수월하고 편하다.

2장
전원주택 설계의 정석

전원주택은 건물 형태와 향과 조망을 설계 시에 반영이 가능하다. 넓은 대지에 배치할 건물이므로 레고를 쌓듯 아래위로 먼저 검토를 하면 틀린 방식이다. 도심지 주택이야 옆으로 갈 수가 없으니 당연하게 아래위로만 설계하지만, 전원주택은 옆으로 이어나가고 부족하면 위로 늘려가는 것이 좋다. 그러면, 건물 형태가 엄청 다양해지게 된다. 또한, 당연하게 남향 배치를 위해 심혈을 기울여야 하고, 조망 포인트도 찾아야 한다.

건물의 디자인도 전원주택이 훨씬 중요하다. 디자인이 빼어난 도심지 주택은 건물이 다닥다닥 붙어 있어 웬만큼 특색이 없으면 티가 하나도 안 난다. 전원주택은 독립적인 건물이기 때문에 디자인에 신경을 쓸수록 훨씬 빛이 난다. 주변과 조화를 생각하면서 개성 있는 주택을 지으면 그 집의 별칭이 생길 수도 있는 것이다.

주택은 24시간 주거 기능을 발휘해야 하는 건축물이다. 적정 규모, 하자 없는 설계와 시공, 적절한 창호의 크기, 단열성과 기밀성의 확보, 스마트 홈 기술과 안전관리 등 유지관리에 편리한 시스템을 갖추어야 한다.

모던한 현대스타일
도심 주택과 가까운 모던형 스타일이다.
복층이 많으며, 평형도 큰 경향이 있다.
프리랜서나 대가족에 필요하다.

퓨전 스타일
도심과 시골집의 장점을 살리려 하였다.
복층이 많으며, 중형 주택에서 많다.
4인 가족에 적당한 구조이다.

클래식한 시골집
시골의 한옥 스타일에 가깝다.
단층이 많으며, 소형 주택에서 많다.
부부만의 공간에 제일 좋은 구조이다.

나만의, 우리만의 집은 어떻게 그려나갈까?

전원주택을 계획하고 있다면 나만의, 우리만의 집을 꿈꿀 것이다. 좋은 터를 발견하기 위해 많은 곳을 다녀보고, 주택 박람회에도 매번 참가하고, TV에서 〈건축탐구 집〉과 〈구해줘 홈즈〉, 수많은 유튜브 채널도 시청하였을 것이다. 그러나, 그 꿈은 현실화되지 않고 여전히 꿈으로 남는 분들이 대부분일 것이다.

누가 지어준 건물에서만 살았기에 전원주택에서 자기만의 라이프스타일이 정확하지 않고, 어떻게 건축 디자인과 인테리어를 해야 좋을지 전혀 감을 잡지 못하고 있는 것이다. 하물며, 담장과 대문, 마당과 정원, 텃밭과 화단은 준공 후에나 생각할 것이다.

자기가 왜 전원으로 가려 하는가를 정확히 해야 한다

귀향이냐 주말주택이냐를 정하는 것뿐만 아니라, 전원에서 가족들은 어떤 일을 하고, 무슨 취미생활을 할지를 명확하게 하여야 한다. 이 기준을 가지고 진행을 해야만 집 내·외부에 적합한 공간을 만들고 꾸밀 계획을 세울 수가 있다. 예를 들면, 소음이나 진동 때문에 아파트에서 포기했던 공간들을 마음껏 만들 수가 있다.

예산에 맞는 정확한 주택 규모를 정해야 한다

거주자는 몇 명이고, 게스트를 위한 공간이 필요한지, 1층이 좋을지, 2층이 나을지 등 규모도 확실해야 한다. 전원주택은 바깥에서 보면 규모가 커 보이만, 실제는 대부분 한 층에 20평 내외의 건물이고, 2층이면 보통 40평 전후가 많다. 적정한 면적을 검토하면 20평이면 부부가 살기에 충분한 면적이고, 자녀 한 명이 있어도 부족하지 않은 공간이다. 전용 20평이면 $66m^2$로 방 2개와 LDK, 화장실 2개는 거뜬히 들어갈 수가 있다. 전원주택은 모든 공간이 남쪽에 배치기 가능하여 아파트에서 못 하는 5베이나 6베이도 할 수 있다. 이런 장점을 살려 단층으로 먼저 진행하고 모자란 공간만 다락이나 2층으로 고민하면 좋을 것이다. 전원주택은 아파트에선 할 수가 없는 2층 설계가 가능하다고 2층을 기본으로 생각하면 규모가 커지고 이 큰 장점이 사라진다.

선호하는 건물과 인테리어를 미리 생각해야 한다

복층의 멋스러움과 웅장함인가? 단층의 소박함과 우아함인가? 도심에 가까울수록 복층이 대세가 되고, 전원에 가까울수록 주변과 잘 어울리는 단층이 좋으며, 부분적으로 2층이나 다락을 만드는 것이 좋다. 지붕 형태는 다양한 디자인이 가능하므로 지붕선을 잘 살리면 멋스러움도 챙길 수가 있다. 인테리어도 도배보다는 도장을 주자재로 쓰고, 포인트로 종이나 목재, 벽돌, 철물 등 자유롭게 고민하면 재미가 있다.

각종 매체에서 다루는 의미가 없는 사항을 잘 파악해야 한다

첫 번째로 각종 매체에서 가장 흔하게 얘기하는 화두는 조망이지만, 전원주택 대부분은 사방팔방으로 자연이 잘 보이고, 햇빛도 잘 비추어 조망은 큰 문제가 안 된다. 두 번째는 높은 층고, 거실 천장 오픈, 벽난로, 높고 넓은 창호, 계단 등의 요소다. 전원주택은 옥외와의 관계가 더 중요한 사항으로 실내에 무리한 비용이 드는 일을 할 필요가 없다. 사계절이 뚜렷한 우리나라에선 기능적으로 냉난방에 너무 불리하다. 세 번째로, 전원주택에서 가장 중요한 야외 공간에 대해서 집중을 하지 않는 것이다. 매체에서는 넓다든가 전망이 좋다 정도로만 언급하는데 담장과 대문, 마당과 정원, 텃밭과 화단에는 많은 스토리가 담기는 곳으로 실내보다 더 중요한 공간이다.

전원주택의 핵심은
건물 배치다

전원주택은 건물 형태를 다양하게 할 수 있으므로 남향과 조망의 확보가 가능하도록 최적의 방안을 도출해야 한다. 설계 시 현장을 직접 답사하여 주변 상황을 확인하고, 건축주의 니즈를 감안하면서 몇 가지 대안을 만들어 장단점을 파악하여야 한다. 남향 배치에 심혈을 기울이고, 조망의 핵심 포인트도 찾아서 제시해야 한다. 남향과 조망에 최적인 배치가 되면 계획 설계는 마무리되는 것이다.

전원주택 배치할 때 중요한 사항으로 할 몇 가지를 적어본다.
- 건물은 동서 방향을 축으로 일자형, 'ㄱ'자형, 'ㄷ'자형, 중정형으로 검토한다.
- 건물 전면에 만드는 데크는 이 집의 중심이 되어야 한다.

- 대문과 건물 출입구 사이 공간이 넓어야 한다.
- 건물 측면과 후면의 공간도 용도가 있어야 한다.

　전원주택의 건물은 일자형, 'ㄱ'자형, 'ㄷ'자형, 중정형 등으로 무엇이든 가능하다. 대지 안에 건물이 배치만 된다면, 건물 길이와 각도를 마음대로 정하면서 만들 수가 있고, 별동으로 해도 된다. 대문과 주차장의 위치를 확정하고 데크와 정원의 위치와 면적을 확보하면 된다. 건물을 출입하는 현관은 대지의 동서남북 어디에든 출입이 가능하니 각 실의 배치가 자유롭고, 면적이 부족하면 복층으로 설계가 가능하다. 동서남북 어디에도 창과 문을 넣을 수가 있으므로 정사각형 집의 형태에서 벗어나야 한다.

　직사각형의 중복도 건물은 같은 평형의 경우, 일자형, 'ㄱ'자형, 'ㄷ'자형의 편복도보다 벽 면적이 훨씬 줄어든다. 벽면이 줄어든다는 것은 자연과 만나는 면적도 줄어들게 되는 것으로 햇빛과 바람, 공기 등과 접촉면이 작아지므로 자연을 끌어들이는 효과가 작아진다. 남향의 면적이 늘어나면 햇빛을 받아들이기 쉽고, 동서로 길게 하면 바람이 잘 통하는 집이 가능해진다. 여름의 햇빛은 처마와 차양으로 그늘을 만들면 좋다.

　건물 전면의 데크는 외부 손님을 맞는 공간이고, 부부만의 대화 장소가 되는 제일의 공간이 되므로 모든 동선의 중심이 되는 것은 당연한 것이다. 이 중심 공간에 이르는 대문 사이의 공간이 넓어야 이곳에 정원을 만들 공간이 생기고 집이 포근한 느낌을 줄 수가 있다. 데크에서 정원을 바라보며 마시는 차 한 잔으로 하루 일과를 시작하는 기분은 남다른 것이다. 정원에 심은 나무 하나와 화단에 핀 꽃 한 송이에 많은 스토리가 생기고 대화의 장이 열린다. 이렇게 남향의 기반으로 대문-정원-데크-건물의 주 동선을 잡아 건물을 배치하는 것이 기준이 되면 가장 이상적인 배치가 될 것이다.

건물의 측면과 후면도 중요한 공간으로 활용을 해야 한다. 대지에서 단층의 경우에 건물 주변의 공간은 무시하기 힘든 많은 면적을 차지하고, 활용을 하지 않고 방치할 경우 쓸모없는 공간이 되기 쉽다. 여러 면에서 활용이 가능하므로 적정한 공간을 할애하는 것이 좋다. 동쪽의 건물 측면은 햇빛에서 자유로운 장소이므로 여름에는 휴식의 장소로 최적의 입지가 된다. 텃밭도 동쪽에 설치하면 채소류를 마음껏 수확할 수가 있는 최적의 장소다. 여름에 하는 간식 타임이나 바비큐 파티는 동측에 설치한 파고라가 가장 편하게 즐길 수 있는 곳이다. 같은 이치로 건물 후면도 여름에 필요한 장소로 활용이 가능하므로 후정으로 공간을 꾸며도 되며, 장독대나 외부 창고도 후면에 설치를 많이 한다.

전원주택 평면 계획 시에도 외부 공간과의 연계를 위해 생각할 것이 많다.

- 주방은 향과 조망 모두 제일 좋은 곳을 택한다(삼시세끼 집에서 해결해야 한다).
- 취미실 또는 작업실은 인테리어 포함하여 설계의 핵심이 되게 한다.

- 다락은 설치하는 것으로 한다(계절별 창고로 활용하면 1층 설계가 심플해진다).
- 보일러실과 다용도실을 설계에 꼭 포함해야 한다.
- 화장실은 샤워실-세면대-화장실 형태로 분리해 보자.
- 방마다 가구보다는 벽장을 설치하여 인테리어 요소로 활용한다.

  야외생활과 제일 밀접한 주방과 식당은 남쪽의 안마당으로 동선을 확보하고 조망하는 게 좋다. 전원주택에서 가장 많이 머물며, 동선의 핵심이 되기 때문이다. 작업실, 서재, 거실은 특별한 인테리어로 자기만의 개성을 표현하기 좋으며, 마당으로 출입이 가능하게 하는 게 좋다. 내부 각 실과 야외의 연계는 많으면 많을수록 좋은 것이다. 프라이버시 차원에서 침실만 마당에서 직접 출입을 안 하면 된다. 만약, 단층으로 계획을 하더라도 다락은 경사지붕을 이용하여 설치하면, 비용도 많이 안 들게 되고, 계절별 창고로 사용하면 좋다. 1층의 주 동선에 가구나 가전제품 설치로 답답한 모양보다는 다락을 활용하라는 것이다. 다용도실도 만들어 가전제품을 설치하여 시선을 차단하면 좋으며, 보일러실은 외부로 출입문을 만들어 소음과 냄새에서 벗어나고 외부 창고의 역할도 부여해 주면 좋다. 전원주택의 화장실은 당연히 창문이 있어야 하며, 호텔에서 쓰는 샤워실과 화장실의 분리도 검토할 필요가 있다. 단열이 불필요한 내부 벽체에는 벽장을 만들어 수납 기능도 하고, 인테리어 요소로도 활용을 할 수가 있다.

에피소드 16

전원주택은 이어 붙이기다

전원주택 배치의 중요성은 다들 인식하겠지만, 건축물과의 관계 설정에는 아직 잘 이해가 안 될 것이다. 도심지 주택은 배치가 거의 필요 없는 설계이므로 건물을 높여서 공간을 창출하는 작업이 된다. 레고를 쌓듯이 아래위의 관계를 만들어 나가는 작업의 과정이 된다.

전원주택은 건물을 옆으로 이어가면서 공간을 만드는 것을 먼저 해야 한다. 옆으로 공간이 많으므로 1층에서 대지의 전체적인 배치를 한 후에 공간이 부족하면 2층에 조금씩 공간을 늘려나가야 한다. 이어나가다 보면, 일자형, 'ㄱ' 자형, 'ㄷ' 자형, 'ㅅ' 자형과 중정형 등 다양한 건물들이 생기게 된다.

한옥 한 칸(1.8m×1.8m=3.24㎡/한 평 3.3㎡)을 기준으로, 안방은 4칸, 거실은 6칸, 주방 6칸, 작은방 2칸, 화장실 1칸, 창고 1칸 등 20칸이면 1층을 완성할 수 있다. 공간이 부족하면, 우선 옆으로 취미실 4칸, 썬큰 4칸 등을 이어가는 것이 방법이 좋다. 조망을 위해 2층을 활용하고 싶으면 1층의 일부분에 계단 1칸을 추가하고 거실 6칸. 방 4칸을 설계하면 된다. 2층을 전제하고 설계를 시작하는 것보다 훨씬 실용적이게 되고, 디자인도 다양해질 것이다.

건물 디자인도 건물 형태가 다양해지므로 아주 흥미로운 지붕선이 나오게 되며, 외장재 재료에 따라 색다른 느낌의 건물이 될 수가 있다. 흔하디

흔한 건물들이 아니라 우리 집만의 독특한 색깔을 보여줄 수가 있다. 여기에 대문과 담장이 있는 건물이라 그 특성은 더해지고, 마당과 정원의 나무와 화단은 집을 아름답게 한다.

전원주택의
디자인 요소

전원주택은 매우 독립적인 건물이기 때문에 디자인에 매우 민감하다. 각 집은 자연 속에 한 폭의 그림처럼 지어지면 누구에게나 좋을 것이다. 자연 속 또는 마을 속에 있는 집 한 채인 전원주택은 사람들의 눈에 잘 띄게 되므로 디자인이 멋질수록 훨씬 빛이 나게 된다. 따라서, 전원주택의 구조나 자재가 일반 건축물과 다르게 매우 다양하여 어느 것을 적용할지를 신중하게 고민해야만 한다. 주변과의 조화를 우선하면서 개성 있는 주택을 지으면 그 집만의 별칭이 생길 수도 있다.

전원주택 건축물 디자인을 검토해 보면, 다음의 세 가지의 형식을 많이 갖추고 있다.

<u>모던한 현대</u> 스타일이 가장 눈에 많이 들어오는 건축물이다. 도심지의 단독주택이나 전원의 카페들처럼 창문이 매우 크고 넓어 웅장한 모습을 갖춘 건물들이다. 이러한 건물들은 철근콘크리트나 중목구조로 많이 지어지며, 외장재는 대리석 같은 석재류로 하고 평지붕과 경사지붕을 함께 쓴다. 복층 이상으로 되어 있고, 보통 2층이나 3층에 테라스나 발코니가 있으며, 평형대도 매우 크다. 내가족이 살기에 적합한 형태라서 마을의 외곽에 대지가 넓은 곳에 짓고, 구조는 대부분 철근콘크리트로 건축을 한다.

　<u>퓨전 스타일</u>은 도심과 시골집의 장점을 조합한 형태로 요즘 주변에서 가장 많이 보이는 건축물이다. 2층에 경사지붕의 지붕선으로 한껏 멋을 내고 다양한 모양의 창문을 설치해 누가 보든지 전원주택이란 것을 한눈에 알 수가 있다. 중목/경량 목구조나 철근콘크리트 구조로 지어지며, 외장재는 세라믹 사이딩이나 스타코를 많이 사용한다. 보통 2층으로 많이 짓는데, 테라스나 발코니가 있으면 철근콘크리트 구조일 것이고, 테라스나 발코니가 없으면 목구조로 볼 수가 있다. 40평 전후의 평형대가 대부분으로 자녀를 둔 가정들이 많이 찾는 주택으로 보면 된다. 마을의 어느 곳이든 건축되고 특히, 타운하우스로 가장 많이 짓는다.

　<u>클래식</u> 스타일은 단층으로 된 시골집 형태로 보면 되고, 아주 오래된 집들과 비슷한 형태의 집들이다. 신축으로 점점 단층을 짓는 경향이 생기면서 새 건물들이 늘어나고 있다. 구조는 경량 목구조나 경량 철골의 조립식으로 많이 쓰이며, 외장재로는 스타코나 목

재 사이딩을 주로 사용한다. 신축하는 집들은 건물을 다양한 형태로 만들면서 개성을 나타내려고 하고, 일부분의 층고를 높여 다락을 둠으로써 실내 공간을 확장하면서 외관 디자인도 다양한 변화를 준다. 평형대는 20평대가 주를 이루고, 부부만의 공간에 적당한 집으로 볼 수가 있다. 단층 위주의 주택은 가장 주변과 잘 어울려서 마을 어디에든 많이 보인다.

<u>전원주택의 디자인 요소는</u> 건물 배치와 건물 디자인 외에도 검토할 것이 수없이 많다. 건물과 어울리게 <u>담장과 대문, 마당과 조경도 중요한 포인트로</u> 생각해야 한다. 담장과 대문은 건축물과 유사한 자재를 적용하면서도 주변과 어울리게 모양을 가미해야 한다. 마당도 어느 자재를 어떤 모양으로 할지 고민을 하지 않을 수가 없다. 조경을 위해 구입하는 나무들도 어느 종류를 어떤 크기를 심어야 할지 고민하게 된다. 전원주택은 주거 건물로 정답은 없으면서 다양한 자재들이 있어 그마다의 특성을 알고 적용하기가 매우 힘든 설계 과정이 된다. 또한, 건물 주변과 조화가 되어야 이웃들과 마을 사람들에게 민폐를 끼치지 않으므로 고민은 더 많아진다.

에피소드 17

대문과 현관

아파트는 주차장, 정원, 놀이터, 복도는 공용공간이고 현관을 지나면서부터가 내 집이 된다. 현관을 지나야 비로소 내 집이라 현관의 중요성은 대단한 것이다. 집의 첫인상이 되는 공간이 되면서 신발장과 각종 비품을 놓아두는 공간이다.

도심지 단독주택은 대지와 건물 배치상 현관이자 대문이 되는 경우가 많아 아파트 현관보다도 더 큰 역할이 주어지게 된다. 아파트는 공용부라는 완충지가 있지만, 도심지 단독주택은 완충지 없이 대문이사 현관이 되어 설계 시 고민이 많은 곳이다.
찾아오는 사람들이 많으려면, 현관 옆에 신발을 벗지 않아도 되는 손님맞이 공간을 두면 좋을 것이다. 전원주택의 마당 역할이 가능해질 것이다.

전원주택에서 대문은 도로에 연결해 집을 드나드는 곳이다. 대문을 들어서면서부터 내 집인 것이다. 대문부터는 아래로 땅이고 위로는 하늘이 존재하므로 체감적으로 어마어마한 공간이 펼쳐진다. 대신에, 현관은 마당에서 실내로 출입하는 여럿의 문 중 하나로 그 역할은 그다지 크지 않다. 담장과 더불어 대문이라는 새로운 공간을 디자인해야 한다. 아주 중요한 건축의 요소가 된다.

<u>전원주택은</u> 건축사들이 하기 힘든 업무로 첫손가락에 꼽힌다. 주거용 건물 자체가 어려운 설계로 일반 건축물과 비교하면 금방 알 수가 있다. 일반 건축물에서 향과 조망은 요구하는 사람은 많지 않다. 대지 여건 자체가 챙기기 힘들기도 하지만, 없어도 불만이 크지 않다. 건축 구조나 자재도 거의 정답이 있어 연구를 따로 할 필요가 없다. 각 실의 배치도 아주 단순하므로 고민할 필요가 없

다. 향과 조망, 구조와 자재, 각 실의 배치 등 검토할 사항이 많은 것이 주거용 건물이다. 추가적으로, 전원주택은 건물 배치도 필요하고, 담장과 대문 그리고 마당과 조경까지도 검토해야 한다. 건축주들이 가지고 있는 다양한 요구들은 더 말할 것도 없다.

건축 설계비를 일반 건축물보다 훨씬 더 많이 받아야 하는데 현실은 그렇지 못하다. 일반 건축물은 법적으로 건축 감리를 하게 되므로 건축사가 현장에서 설계대로 진행되는지 확인을 한다. 물론, 감리비도 받지만 설계한 의도대로 공사가 진행되면 보람도 있다. 감리비도 건축사의 소득의 한 부분인데 주거용 건물의 대부분은 감리가 법적으로 필요치 않아 이마저도 제외가 된다. 설계비는 작고 감리는 없는 인허가만 처리해 주는 계륵 같은 업무가 된다.

건축사가 인허가 도면으로 착공신고까지 완료해 주면, 시공자와 건축주는 도면에 맞춰 공사를 마무리하면 건축 준공에 문제가 없다. 건축사는 공사에 관여를 못 해 시공자나 건축주들이 잘 마무리하길 바라지만, 준공할 때까지 무슨 일이 일어날지 불안하다. 공사시 시공자나 건축주가 변경을 수시로 하고, 심지어 준공이 안 되는 경우도 생긴다.

시공사보다 건축사를 먼저 찾는 건축주들은 건축공사의 기반인 설계와 감리에 적정한 비용을 지불하고 주거 기능에 만족하는 자기 집을 완성했으면 한다. 건축사와 최소한 4회 정도 만나면서 자기의 니즈와 로망을 온전히 담은 도면으로 일을 시작하면 좋을 것이다.

건축주가 가져온 아파트나 도심 주택 평면 그대로 인허가를 받아주는 그동안 관습에서 전원주택에 맞는 주거 기능에 충실한 설계가 필요한 시대가 되어가고 있다.

"집 짓기 고민하시나요? 건축사를 찾으세요"

건축설계는 사람의 삶을 담는 작업
건축물, 그 안에 사는 사람들의 성격과 취향,
세간 하나하나까지 꼼꼼히 챙겨 '사는 공간'을 계획합니다

건축사 업무는 크게 **건축설계와 감리, 설계의도 구현**으로 구분합니다. 건축설계란 건물의 입지조건·용도·디자인·규모 등을 고려해 설계도면을 작성하는 일을 말합니다. 건축설계는 다시 세부적으로 ▲기획업무 ▲계획설계 ▲중간설계 ▲실시설계 ▲사후설계관리업무 등으로 나뉩니다.

건축사의 설계업무			
기획업무	건축설계업무		
	계획설계	중간설계	실시설계
○ 건축물의 규모검토, 현장조사, 설계지침 등 건축설계 발주에 필요하여 의뢰인이 사전에 요구하는 설계업무 - 공간계획, 현장조사, 설계지침서, 프로젝트 공정표, 기존유사간물조사 비교	○ 건축물의 규모, 예산, 기능, 질, 미관적 측면에서 설계목표를 정하고 가능한 해법을 제시하는 단계 - 디자인 개념의 설정 및 연관분야(구조, 기계, 전기, 토목, 조경 등)의 기본시스템 검토	○ 계획설계 내용을 구체화하여 발전된 안을 정하고, 실시설계 단계에서의 변경 가능성을 최소화하기 위해 다각적인 검토가 이루어지는 단계 - 연관분야의 시스템 확정에 따른 각종 자재, 장비의 규모, 용량이 구체화된 설계도서를 작성	○ 입찰, 계약 및 공사에 필요한 설계도서를 작성하는 단계 - 공사의 범위, 양, 질, 치수, 위치, 재질, 질감, 색상 등을 결정하여 설계도서 작성

건축사가 설계도면을 완성해 건축주가 시공업체(건설사업자)를 선정해 공사를 시작하면 건축사는 **공사감리 업무**를 시작합니다. 「건축법」에서 정하는 바에 따라 건축물, 건축설비 또는 공작물이 설계도서의 내용대로 시공되는지 확인하고 품질관리, 공사관리 및 안전관리 등에 대하여 지도·감독하는 작업입니다.

건축사는 건축 과정에 지속적으로 참여해 공공기관, 시공자, 감리자 등에 설계 취지 및 시공, 유지·관리에 필요한 사항을 제안합니다. 바로 **설계의도 구현**입니다.

하지만 이게 전부가 아닙니다. 건축사 업무는 **리모델링·인테리어 설계, 각종 심의 대응 및 인증 관련 설계, 지구단위계획, 주택재건축 또는 도시환경정비사업을 위한 계획, 건축분야와 관련된 건설사업관리(CM), 건축물의 현장 조사 및 검사 등에 관한 업무, 준공도서 작성, 종합계획도(Master Plan) 작성, 건축공사 사업타당성 분석, 건축물의 수명비용 분석, 건축물의 분양 관련 지원**까지 다양합니다.

대한건축사협회

전원주택은
유지관리가 편해야 한다

주택은 24시간 주거 기능을 발휘해야 하는 건축물이다. 가족의 생활과 휴식 공간이고, 외부 환경에 신체를 보호하고 범죄와 외부 침입으로부터 안전노 보상을 하여야 한다. 전원주택은 이웃과 교류나 손님의 방문이 많은 관계로 주거 기능이 훨씬 많아진다. 단순한 주거에서 사랑방도, 게스트룸도, 취미실도, 심지어 사무실로도 사용되어진다. 따라서, 적정한 건물 규모와 설계는 말할 것도 없고, 디자인 형태, 적절한 창호 크기, 단열성과 기밀성의 확보, 스마트홈의 실현, 보안 등에도 유리한 건물을 설계부터 반영하고 시공도 정밀하게 해야만 편안한 거주가 가능하고 하자 방지와 유지관리에 문제가 없다.

주택의 규모는 사용자 입장에서는 클수록 좋겠지만, 단독주택은 건축주가 직접 관리를 하여야 한다는 것을 잊으면 안 된다. 공동주택처럼 관리소에서 도움을 주는 편한 생활패턴을 생각하면 안 된다. 특히, 전원주택은 내부 면적보다 큰 외부 면적도 유지관리의 대상이 된다.

건축만 작게 하는 것은 아무 소용이 없다. 대지도 주택이 들어설 면적만 구입하는 것이 좋다. 법적으로 건폐율에 맞추어 20평 단층주택이면 100평의 대지로 충분하다는 뜻이다. 전원생활은 담장과 대문, 마당과 정원, 텃밭의 공간을 내가 관리해야 한다. 대지가 200평이라면 아파트 전용 33평의 6배의 면적이 내가 직접 관리할 면적이라 6배 이상의 힘이 든다. 대지가 100평이라도 3배의 일거리가 생기는 것이다. 담장과 대문, 마당과 정원, 텃밭을 가꾸고 기르는 재미가 좋다고 하여도 일은 일인 것이다.

건물 형태도 복잡하고 독특한 2~3층 건물들은 웅장하고 멋스럽지만, 유지관리 면에서는 좋지가 않다. 복잡하고 독특한 공사는 숙련된 기술자들이 실수나 하자를 없애기 위해 노력은 하지만, 하자 요소는 상존할 수밖에 없다. 1~2층의 단순한 건물은 평범하고 왜소해 보이지만 편한 안정감이 있고, 공사도 수월하다. 시공 경험이 많은 건물이라 어디서 하자가 나고, 어디가 중요한지 다 알고 있어 품질은 좋아지고 하자 요소가 적으며, 하자처리도 비교적 쉽다.

전원주택은 단열과 기밀성에 중점을 두고 설계를 해야 한다. 아파트는 건물 상하좌우에 다른 세대가 붙어 있어 4면은 내벽의 형태이다. 내 집의 전후 외벽에서만 열 손실이 발생하는 형태이다. 전원주택은 상하좌우 전후의 6면 모두가 외벽이므로 열 손실이 3배에 달한다고 보면 이해가 될 것이다. 단열을 위해 이중 단열을 적용하고 창호는 시스템창호를 설치하지만, 열 손실 방지를 위해 가장 중요한 것은 창호의 크기다. 시스템창호라도 외벽 단열의 20% 내외의 성능뿐이라 창호가 크면 불필요한 대책이 되는 것이다. 창호 크기는 각 실 바닥면적의 25% 미만으로 설계하고, 설치 위치는 되도록 남과 북의 2면에 두면 채광과 통풍, 환기에 유리할 것이다.

전원주택의 규모와 단열성능이 중요한 이유는 냉난방 비용 때문이다. 도심지 주택은 도시가스나 지역난방을 사용하지만, 전원주택은 가격이 도시가스의 2배 정도인 LPG 가스를 써야 하기 때문이다. 단열에 유리한 아파트에서의 따뜻함을 전원주택에서도 유지하려면 적정 규모와 단열에 유리한 설계와 시공이 필수다. 또한, 스마트 홈 기술을 반영해 자동 조절 기능을 갖추면 에너지와 안전, 생활관리까지 할 수가 있다.

지구단위계획을 수립하고
여섯 집의 설계를 검토하다

개발행위허가는 토목설계와 함께 건축물 배치도가 필요하다. 단지개발을 협의하면서 각 건물의 위치를 정하였지만, 건축도면을 면밀히 생각한 바가 없었다. 여섯 집 모두 머릿속에만 그려져 있던 가상의 공간을 개발행위허가 접수까지 도면화해야 했는데 나에게 이 한 달간의 시간은 짧았지만 아주 행복한 시간이었다. 내 미래의 전원에서의 삶을 상상하면서 공간을 그려나가는 시간이라 한 장 한 장 그릴 때마다 그 공간에서의 내 모습이 예쁘게 같이 그려진 시간이었다. 설계는 건축의 첫 단계라 하나를 챙기게 되면 만족감도 하나, 10개를 챙기면 만족감도 10개가 되기 때문에 신중해야 한다.

첫 단계는 전원주택의 규모와 층수를 결정하는 것으로 우리 골목길 여섯 집 모두의 동의가 필요한 사항이다. 우리의 작은 주택이지만 각각의 주택들이 조화를 이뤄야 골목길이 살기 좋은 공간이 되겠기에 협의를 통해 지구단위계획을 수립하였다.

첫째, 660평의 큰 토지를 사서 전용면적 100평의 아담한 토지를 확보하였다.
둘째, 단층주택으로 계획하기로 한다.
셋째, 다락은 허용하며, 건물 높이는 5m 이하로 제한한다.
넷째, 건물 형태는 서로 다르게 한다.
다섯째, 각 집의 담장은 나무를 심는다.

소형주택의 설계는 아주 쉬운 것으로 생각하기가 쉽지만, 훨씬 어렵다. 우리가 생각한 다양한 실들을 넓은 공간이면 하나씩 채워 넣으면 되지만, 작은 공간에서 채우다 보면 면적이 늘어가거나 안 들어갈 수가 있어 더 어렵다. 설계와 마찬가지로 건축공사도 대형 평수보디 소형 평수의 공사가 더 까다롭고 공사비도 훨씬 많이 드는 것과 같은 이치로 보면 될 듯하다.

건축규모가 축소되면, 축소된 공간은 활용도가 엄청나게 많아지게 된다. 각 공간 하나하나가 중요해지는 것이다. 이 어려운 설계를 짧은 기간에 했음에도 집마다 다양한 생각으로 자기만의 개성을 살리고, 실용성과 기능성을 갖춘 공간 조성을 위해 노력한 흔적들이 나타났다. 주요 사항으로 쓰리룸과 투룸으로 하여 각 공간의 목적과 기능에 부합하도록 하였고, 거주자의 프라이버시를 보호하기 위해 개인 공간과 공용공간을 명확히 구분했다. 또한, 제한된 공간이지만 각 집마다 가장 큰 목적을 위한 공간을 위해 불필요한 공간 낭비를 최소화하려고 계획하였다. 주거 생활에 기본이 되는 따스한 햇볕과 시원한 통풍을 위해 전 세대 모두가 동서로 축을 잡아 남향으로 하였고, 남북으로는 실마다 창문을 설치하였다. 주변과 조화를 위해 지붕은 스페니쉬기와나 셍글을 주사재로 하기로 하고, 벽체의 색상도 밝은색의 자재를 사용하려고 하였다. 에너지의 활용을 위해 태양광 설치를 위한 시설들도 계획한 집도 있었다.

이천 산수유 건축가 골목길에서는 소규모 전원주택 6채를 만들어 은퇴 생활자 또는 주말주택을 꿈꾸는 사람들에게 전원생활의 그 로망을 실현하는 모습을 전달하려고 한다. 그동안 전원주택은 직장인에게 버거운 규모의 토지와 주택으로 개발하던 방향에서 탈피하여 소규모 주택도 점차 늘어나 은퇴 후 부부만의 노후와 보다 많은 사람들의 주말주택으로 자리매김하기를 기대해 보고자 한다.

'ㄱ'자형 주택(87-1)

우리 집은 준공을 하여 입주하였기에 배치도를 먼저 올려본다. 대지조성에 1년을 보냈고, 건축공사는 업체 결정부터 착·준공까지 3개월, 그리고 준공 허가와 입주까지 1개월이 소요되었다. 입주부터 1년 동안을 내부 인테리어와 마당과 정원을 하나씩 꾸미고 있지만 아직도 할 일이 무궁무진하다.

정남향의 배치를 기본으로 중앙에 주방과 부엌을 두었고, 동쪽으로 작업실과 다락을 서측으로 안방을 배치하였다. 화장실은 작게 2개소를 만들었는데, 작업실은 게스트룸으로 활용하려고 화장실 2개소로 과감하게 결정하였다. 동선상 제일 중심인 주방과 부엌 상부의 천정을 경사로 높게 하여 넓게 보이려 하였고, 식탁은 중앙에 창과 나란하게 설치하되, 창문의 의자는 낮게 하면서 수납공간으로도 활용하게 했다. 서쪽의 안방은 마당 쪽으로 약간 돌출하여 데크에 들어오는 햇빛 차단과 프라이버시 확보에 중점을 두었다. 주방과 별채의 연결 부분에 어닝을 설치하여 야외생활의 중심으로 활용하고, 동쪽의 천변에는 작은 파고라 공간을 두어 한여름의 뜨거운 햇볕을 피할 곳으로 찜하였다.

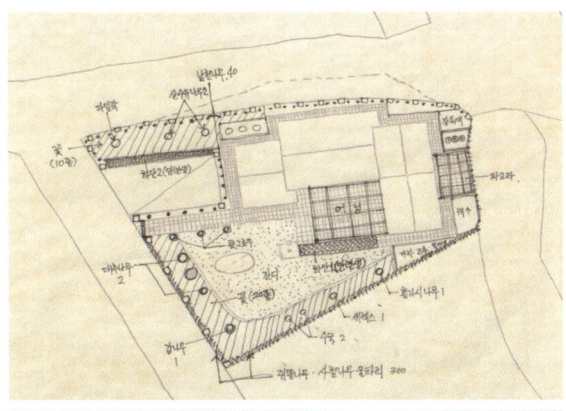

건축 신고부터 준공까지 불가피하게 도면 변경이 있었고, 처음 의도한 도면과 다르게 변화하는 과정이 있어 다음 장에서 자세하게 다루어 보려 한다.

'ㅅ'자형 주택

우리 단지의 제일 남측의 집으로 <u>공사를 완료 후 입주를 하였다.</u> 이 집은 정남향 배치를 기본으로 2개 룸의 공간을 만들었다. 한 공간은 안방을 전면으로 하고 후면은 화장실과 다용도실 등을 넣었고, 화장실은 호텔처럼 분리형으로 하였다. 다른 공간에는 거실과 주방, 식사 공간을 합쳐 통합 LDK로 설계하였는데 우리 집의 3m 폭보다 넓은 4m 폭으로 크게 하였다. 3m와 4m는 숫자상의 차이가 크지 않지만, 공간의 크기는 그 이상으로 넓어 보인다. 우리 집은 처음에 모듈러주택을 적용하려고 3m의 폭을 고수하였는데 조금 더 넓게 했으면 좋았다는 생각이다. LDK는 북측으로 주방을 넣고 거실 쪽으로 아일랜드 식탁을 설치하여 요즘의 트렌드에 맞게 했다. 화장실과 다용도실의 상부에는 다락 대신 2층으로 계획해 방의 부족함을 채웠다. 배치 형태가 'ㅅ'자형으로 가운데 데크에서 안방과 거실로의 동선을 아주 짧게 하여 효율성을 높였다. 대지의 북측에 건물을 배치하여 전면에는 우리보다 넓은 마당과 정원이 생겼는데 대지 밖에 하천 변으로 큰 나무들이 내 집 정원수인 것마냥 버티고 있어, 정원에는 2m 이하의 작은 나무와 꽃들로만 정원을 꾸밀 계획을 하였다.

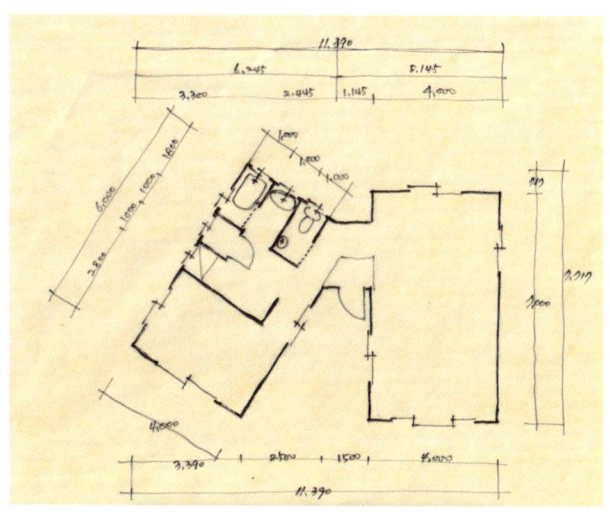

'ㅅ'자형 전원주택 18평 평면

중정형 주택

단지의 맨 앞 부지에 있는 또 다른 집의 설계도로 은퇴 후 주말주택 겸 개인 사무실로 사용할 목적을 가진 건축과 교수가 오래전부터 가져왔던 꿈을 실현하려는 듯 중정형의 건물로 계획하였다. 건축 계획을 전공한 교수답게 100평의 평이한 대지에서도 절대 평이하지 않은 설계를 하는 것을 느낀 평면이다. 중정을 중심으로 북측에 공용공간들을 배치하였고, 제일 좋은 남측으로 개인용으로 사무실 겸 취미실을 계획하였다. 중정을 만들기 위해 복도가 많아진 것이 흠이긴 하지만 그곳을 어떻게든 실생활에 맞게 활용한다면 좋은 공간이 될 것이다. 처음 설계는 단층으로 하였지만, 착공하며 다락을 설치하려고 계획을 하고 있다. 우리 집이 다락을 만들면서 여섯 집 모두 다락을 계획하는 것 같아 첫 주자로서 판단을 잘 한 건지 모르겠다. 주택 설계는 한가지가 조건을 변경하면 필히 다른 부분도 연쇄적으로 바뀌게 되어 또 한 번 고민해야 한다. 이 집도 남측 하천 변으로 많은 나무가 존재하고 있어 정원이 따로 필요 없는 대지다. 마당과 정원에 작은 나무 몇 그루와 화단으로만 꾸며도 전원주택으로 좋은 상황이다.

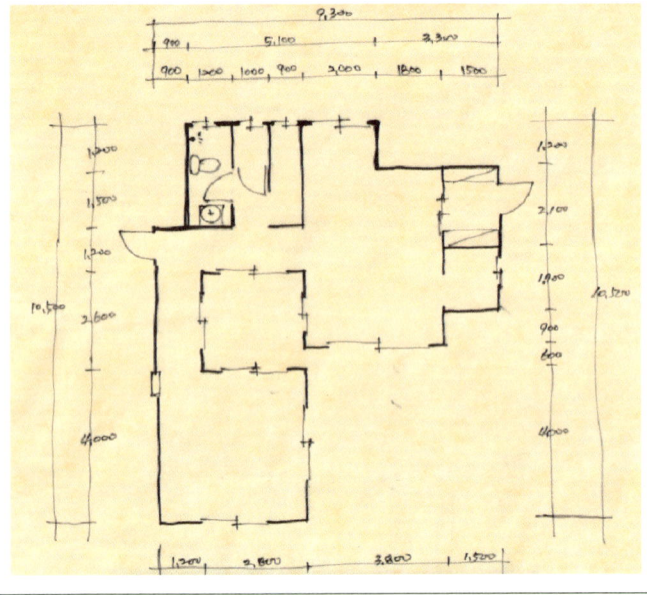

중정형 전원주택 18평 평면

'ㄷ'자형 주택

단지의 중앙에 있는 직사각형의 대지로 배치하기에 힘들고, 앞뒤로 주택들이 있어서 어떻게 설계할지 궁금하였다. 직사각형 대지란 제약이 있음에도 동서축을 살리며 배치하였는데 전원주택에서는 당연한 결과로 생각된다. 평면의 특징은 중앙 현관과 방풍실을 기준으로 동측에는 안방을 설치하고, 화장실과 샤워실, 세면대를 분리한 것이 특징이다. 서측 부분에 공용공간으로 통합한 LDK를 설계한 것은 남측과 서측으로 확실한 조망 포인트가 있는 대지의 특성을 잘 활용한 평면이었다.

건축주가 도면을 제일 많이 검토해서 모임방에 하루에 한 번씩 도면을 올리는 수고를 마다하지 않았는데 최종으로 결정한 도면도 만족을 못 하고 아쉬워했다. 다락을 설치하려고 하면 그 수고를 한 번 더 해야만 한다. 즐거운 상상이 되었으면 좋겠다.

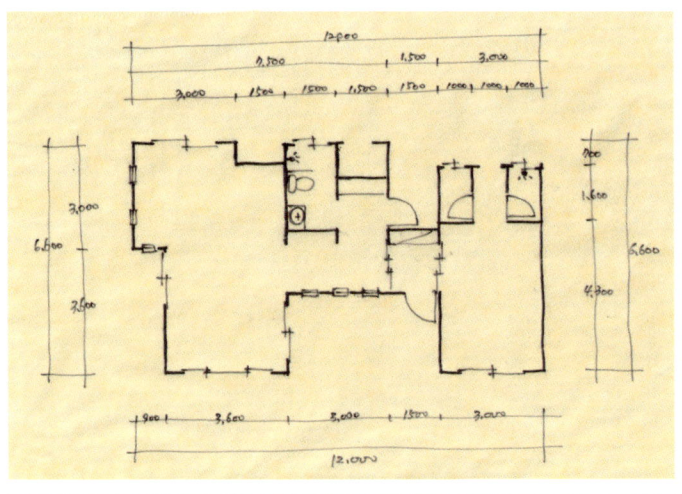

'ㄷ' 자형 전원주택 18평 평면

일자형 주택

북측 도로변에 있는 부지로 대지 자체가 부정형에 동서로 긴 대지라 자연적으로 동서를 축으로 하는 긴 일자형의 건물로 하였다. 그렇다 보니 평면도 아주 심플하였는데 1층은 2.5룸으로 동쪽에 오픈된 주방-부엌과 중앙부에 거실과 화장실을 배치하고, 서쪽 대지 안 깊숙한 곳으로 안방을 두어 프라이버시 보장을 확실하게 한 평면이다.

이 집은 처음부터 다락을 계획한 집으로 남쪽으로 조망도 좋은 필지지만 북쪽으로 보이는 영축사와 원적산의 조망을 더 즐기려고 계획에 반영하였다. 북쪽으로 향하는 다락 설치는 이 집만의 설계 주안점인 것은 확실해 보인다.

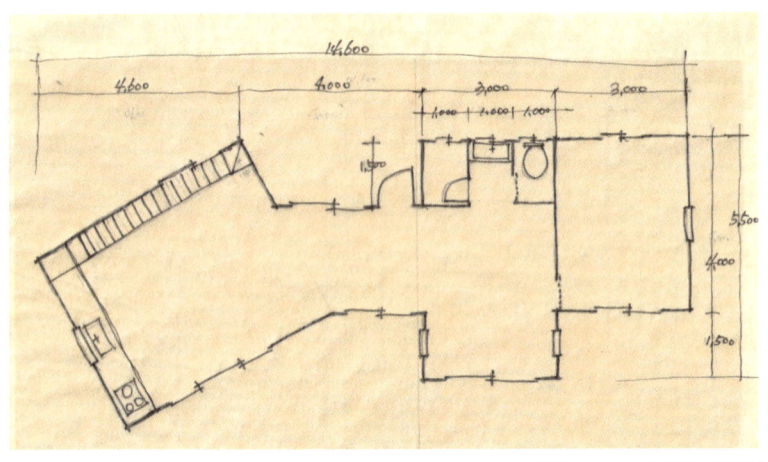

일자형 전원주택 18평 평면

구분형 주택

마지막으로 우리 앞집은 은퇴 후 전원생활을 하려고 맨 마지막으로 합류한 집인데 2룸의 형태로 정중앙의 현관을 기준으로 동측에는 거실과 주방을, 서측에는 안방과 공용시설을 두었다.

이 집은 개발행위허가를 위해 건물 형태를 먼저 정하고, 나중에 거기에 맞춰 평면을 계획하였기에 실착공 전에 많은 변화가 필요해 보인다. 전형적인 직사각형의 중복도 형태의 도면이라 배치부터 다시 해야 할 듯하다.

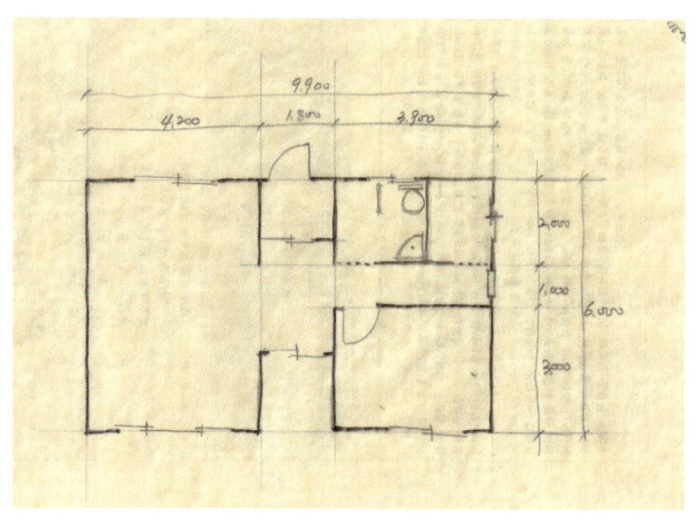

구분형 전원주택 18평 평면

이천 산수유마을의 중앙에 어울리는 골목길에 소형전원주택 6채 설계가 개발행위허가를 위해서 이렇게 만들어졌다.

18평의 단층 주택들이라 설계가 다 거기서 거기일 것 같았으나, 6개의 건물이 제각각이라 많이 놀랐다. 2룸, 2.5룸, 3룸을 적용하면서 동서로 긴 형태에서 매우 다양한 형태의 건물들이 계획되었다.

　거의 모든 집들이 각 실의 크기를 3~4m의 폭을 적용하여 일자형, 'ㄱ' 자형, 'ㅅ' 자형, 'ㄷ' 자형, 중정형으로 하였다. 18평이면 59m^2의 면적인데 20~15m 길이를 향과 조망이 가능한 방향으로 연결하면서 설계를 하다 보니 예전 시골집의 형태들이 나타났다.

　단층의 소형 주택은 예전의 시골집 형태가 맞는 방향이 아닌가 싶다. 평형이 커지면 폭이 넓어지면서 북측으로 방과 부엌을 배치하면 중복도가 되고, 직사각형의 건물이 되는 것이다. 모든 방들의 향과 조망이 가능한 조상들의 시골집이 우리에게 맞다.

건축신고를
진행하다

　주말주택을 임대로 5년간 살면서 대지의 입지에 대한 확실한 기준을 알게 된 것이 가장 컸지만, 전원주택은 일반 단독주택과 다르게 접근해야 한다는 것을 알게 된 것도 체험을 하지 않았으면 몰랐을 커다란 자산이었다. 일례로 건물과 마당, 정원의 관계성에 대한 이해는 전원주택에 살아보지 않은 사람은 모를 수밖에 없다. 어느 계절이든 시간을 제일 많이 보내는 장소가 마당과 정원이라 이곳에 거실 역할이 부여하며 계획하지 않는 설계는 도시의 아파트 또는 단독주택과 차별화가 안 된다는 것이다. 전원주택의 이주를 원하는 분들과 건축사들도 어느 정도의 이해는 하면서 진행하지만, 익숙한 아파트와 단독주택의 설계에서 파격적으로 바뀌지 않는 것이 현실이다.

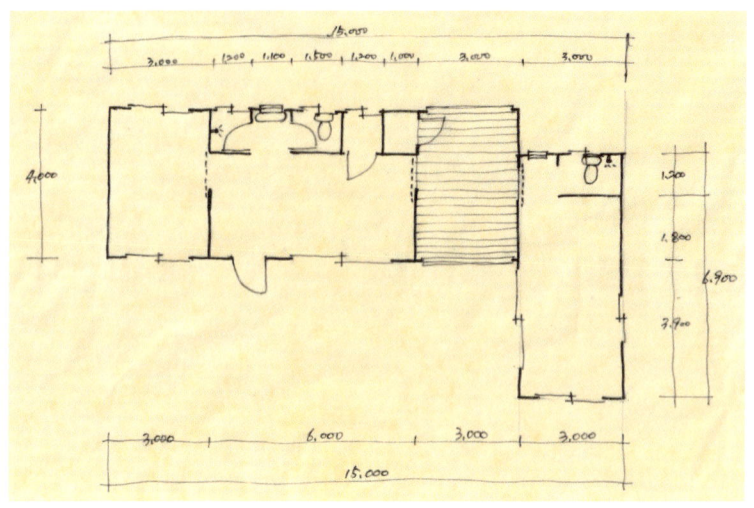

주말주택에서 그려본 우리의 최초 설계안(대지 없이 건축 도면만 설계)

　주말주택 생활을 하면서 우리 부부가 가끔씩 얘기하면서 정했던 최초의 설계 스케치 도면으로 본채와 별채를 구분하여 봄, 여름, 겨울은 본채에서 지내고, 겨울은 별채에서 지내는 것을 컨셉으로 하여 설계하였다. 겨울 난방비가 주말주택으로 사용하면서 평당 1만 원으로 너무 많이 들어 우리 부부가 생각해 낸 것이다. 본채 12평은 목조로 직접 시공을 하고, 별채는 6평이 대세인 모듈러주택 몇 곳을 방문하여 구입하려고 하였다.

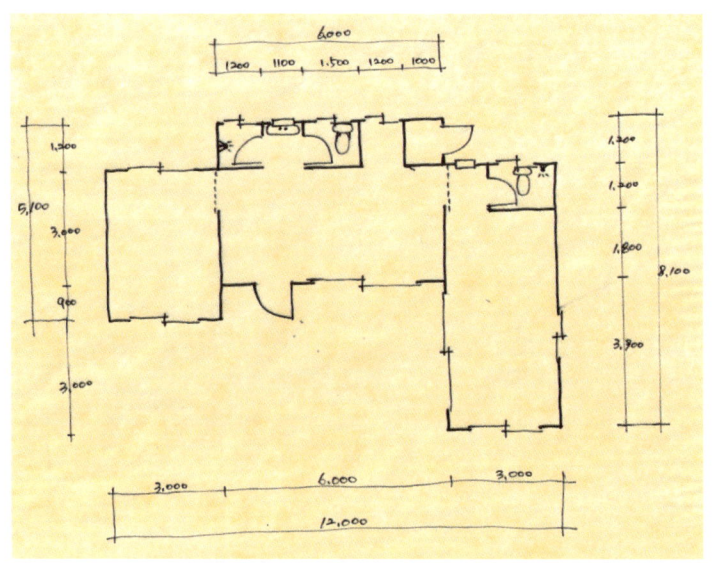

개발행위허가를 위한 배치 도면

　개발행위허가 신청서에는 건축물 배치도가 첨부되어야 하기에 토목설계를 의뢰한 후 한 달 이내에 건축설계를 확정해야만 했다. 각 집은 자기의 필지에 배치가 가능한 건축물을 설계하면서 서로 상의를 하며 진행을 하게 되었다. 우리 집의 경우는 앞집과의 관계에 신경을 쓰다 보니 단지 내 도로를 축으로 하는 설계보다는 북측 도로변을 축으로 확정을 하게 되었다. 그 이후에 별채로 쓸 6평짜리 모듈러주택을 알아보려 다녔는데, 우리 마음에 드는 디자인도 없었고, 6평의 모듈러주택 가격이 경량 목조주택 신축비용과 별반 차이가 나지 않았다. 본채와 별채 사이에 대청마루를 설치가 포인트였는데 북측도로를 축으로 하다 보니 프라이버시 확보가 어려워 대청마루도 포기하였다. 대청마루도 없고 별채를 본채와 연결을 하다 보니 건물이 갑자기 평범해졌다. 어릴 적의 시골집이 재현된 것은 이런 배치와 평면이 우리의 땅에는 최적화된 집이 아니었을까 싶다.

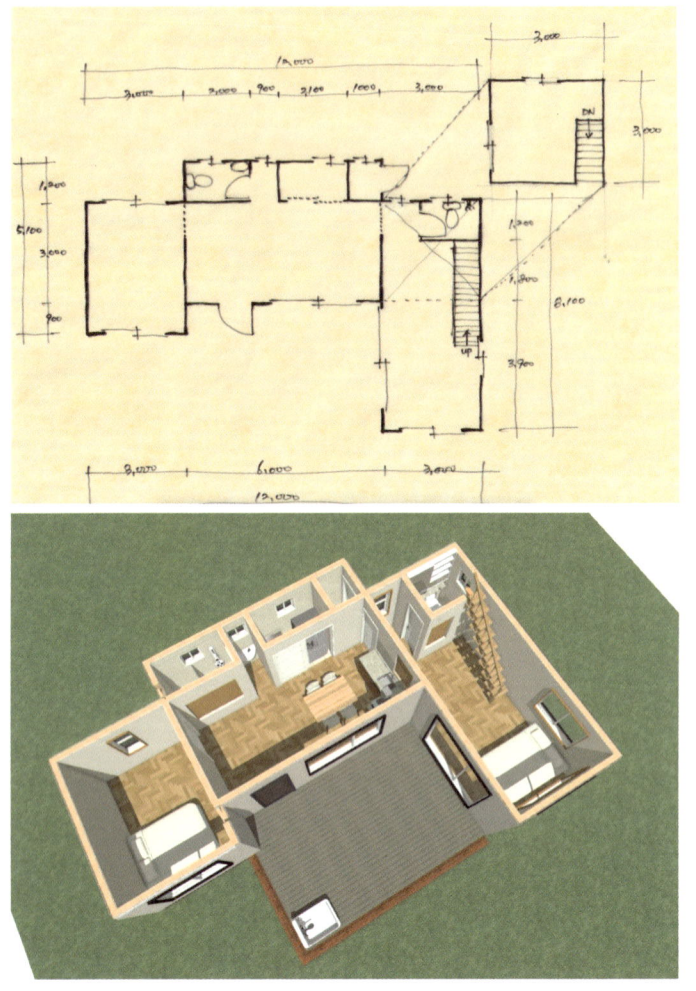

최종도면과 조감도

개발행위허가를 득하고 건축허가(신고)를 위한 실시설계를 하면서 몇 가지 문제가 발생하였다. 첫 번째는 은퇴를 준비하면서 내년부터 이곳에서 건축사사무소를 운영하려고 근생으로 진행하면서 2평의 다락을 넣었는데, 근생에는 다락 설치가 허용되지 않는 것이었다. 근생에 다락 설치된 것을 많이 봤지만, 그 모두가 편법으로 준공 후 별도로 설치한 것이라는 것을 알았다. 근생 설계를 안 해본 티가 났고, 건축사가 그것도 모르냐는 아내의 핀잔을 들어야 했다. 건축사와 건축시공기술자를 다 취득한 내가 그동안 목에 힘주며 건물들을 평가하며 잘난 척한 것이 못마땅했던 듯하다.

어려운 사항은 아니어서 다락을 2층으로 진행을 하니 단층의 18평(다락 2평)이 복층의 20평으로 바뀌게 되었다. 두 번째는 스페니쉬기와로 하면 지붕에 태양광을 설치를 못 한다는 것이었다. 주차장 부지에 독립적인 태양광 시설을 설치하면 되었지만, 작은 대지의 주 출입구의 태양광 시설 설치는 집을 망칠 것 같아 별채 지붕을 징크로 하는 것으로 변경하였다. 세 번째는 화장실에서 샤워실과 세면대를 분리하려던 계획이 공간 부족으로 다시 통합하게 된 것이었다.

공사는 기초를 1m 깊이의 줄기초로 하였고, 벽은 스타코를, 지붕은 스페니쉬기와를 주재료로 하면서 별채 일부 벽과 지붕은 징크를 사용하였다. 창호는 목조 전용창호로 설치하게 되었다. 집의 핵심인 주방의 천장은 경사로 하여 층고를 높였으며 실링팬을 설치하고, 나머지 공간은 평천장을 계획하였다. 내부 마감 재료는 흰색 계통의 친환경 도장을 기본으로 별채 전부와 안방 한 면에만 디자인

월을 사용하였다. 소형 평형이라 내부 벽체마다 벽장을 설치하여 가구 설치를 줄이려 하였고, 전자제품도 다용도실에 설치하여 실내가 넓게 보이도록 하였다.

여섯 집이 준공한 조감도

3장
전원주택 시공

전원주택은 많은 사람들의 로망이지만, 현실에서는 실망 그 자체인 경우가 허다하다. 개성 있는 전원주택이 많지 않고 다 고만고만한 건물들이 지어진 까닭에 공동주택이 더 낫다는 판단이 깔려 있다. 또한, 투자 관점에서도 좋은 것이 아니기도 하다.

아파트는 철근콘크리트 구조 일색이지만, 전원주택은 가장 많이 쓰이는 경량 목조부터 중목구조, 한옥구조, 철근콘크리트, 조립식이 있으며, 지금은 흔하지 않은 조적조로 벽돌, 블록 등도 있다.

건물 형태도 지붕선 모양에 따라 아주 멋스러운 건물이 되고, 외장재의 종류도 매우 다양하여 자기만의 개성 있는 건물을 만들 수 있다. 주거 기능을 좌우하는 평면에서도 아파트가 변화하듯이 2베이-3베이-4베이를 넘어 5베이-6베이도 가능하다. 먼저 단층을 기본으로 주거 성능을 확보하면서 공간이 부족하면 2층이나 다락을 만들게 되면 좋을 것이다.

전원주택의 또 다른 디자인 요소로는 담장과 대문이다. 담장의 재료도 매우 다양한데 조경석, 벽돌, 나무류, 철물류 등이 있으며, 디자인도 독특한 제품들이 시중에 많이 판매되고 있다. 또한, 마당과 정원, 텃밭은 준공 후부터 가꿔나가는 재미가 있다.

구조와 재료

목조(경량, 중목, 한옥), 철근콘크리트,
조립식(경량, 철골, 모듈러), 조적조 등
다양한 건물이 존재한다.
독특한 건물들이 많아야 한다.

건물 형태

복층이 가능하다.
단층으로도 멋스러울 수가 있다.
직사각형에서 벗어나야 한다.
지붕선만으로도 특별한 건물이 된다.

담장과 대문

꼭 확인해야 할 요소다.
건물보다 더 다양한 디자인 재료다.
설계부터 집과 함께 검토해야 한다.
"남천나무집"으로 명명이 되기도 한다.

전원주택 시공의 책임은 누가 지는가?

　전원주택 중 특히, 건축신고 대상 건축물은 설계, 시공, 감리 등의 건축 과정 중에서 준공 후 건축사의 이름만 서류에 남지만, 건축사들은 설계도면 작성과 인허가 업무만 진행하는 게 현재까지 일반적 형태이다. 설계에 참여했지만, 도면대로 시공이 잘되는지 누가 확인은 하는지 알 수가 없고, 서류에 이름은 남는데 정작 관여는 없다.

　설계는 시공자나 건축주가 어디서 구해와서 작성을 의뢰하니 건축사는 허가나 신고에 필요한 도면만 만든다. 법 규정에 맞는지 정도를 확인하고 해달라는 대로 해준다. 실제 현장에 가보고 대지 주변 상황을 검토해서 건물 배치나 디자인, 평면 등 주거 기능에 만족을 느끼게 하려 해도 시공자나 건축주는 자기들 설계도를 고집하니 소통이 힘들다. 설계비용도 최대한 적게 주려 하는데 설득하기보다 요구한 대로 그냥 진행한다.

시공은, 주택을 전문으로 하는 하우징 업체가 시공하면 그나마 걱정이 줄지만, 하우징 업체도 35평 이하 주택은 시공을 꺼려 하니 건축주들이 직영공사로 진행하게 된다. 건축주가 섭외한 현장소장이나 기능공들에게 모든 것을 맡겨야 한다. 경험과 실적이 많은 분이면 모르지만, 그렇지 않으면 공사비 문제와 재시공의 경우 다툼이 일어난다.

감리는 법적으로 건축신고 건축물은 없어도 된다. 법의 사각지대라 그 아무도 책임을 지는 사람이 없는 구조인 것이다. 감리 대상에 포함이 되면, 건축주로서는 시공자와 다툼을 조정하고, 공사 품질 확보를 주 임무로 하는 감리자가 있어 편할 수가 있다.

설계와 감리 부분에서 건축사의 관여가 많아질수록 전원주택의 설계가 다양해지고, 공사 과정에서도 전문가가 확인하기에 설계 의도가 실현되며, 시공사와의 많은 분쟁도 줄어들 것이다. 전원주택을 신축한다면, 시공자를 먼저 찾아가는 것보다는 건축사를 먼저 찾아가기를 권하고 싶다. 시공자가 완성한 전원주택 중에서 만족하는 건물이 과연 얼마나 있는가? 시공자든 건축주든, 건축사든 고민해야 할 부분이다.

더불어, 건축사들도 소극적으로 설계도만 그리고 행정업무만 하는 것에서 탈피해야 한다. 적극적으로 설계와 감리를 함께 진행하면서 뒤처져 있는 전원주택의 주거 기능을 확보하는 데 최선을 다해야 한다.

표8. 복잡한 허가, 착공, 시공, 감리 관계

건축신고 (허가)	• 도시지역: 연면적 $100m^2$ 이하 건축물. • 도시 외 지역: 연면적 $200m^2$ 미만, 3층미만의 건축물	• 건축사가 진행 • 신고 이외는 건축허가
착공신고	• 착공신고서 • 건축설계 계약서 • 이행증권과 면허세 (건축주) • 현장관리인 지정 (건축주)	• 건축사가 진행
건축시공	• 연면적 $200m^2$이하 건축물은 건축주 직접 시공이 가능	• 직접 시공 이외는 건설사와 계약해야 함
건축 감리	• 건축허가를 받는 모든 건축물	• 건축신고 건물은 건축 감리 대상에서 제외

기초공사
(기본 사항, 공사 현황, 일정표, 주요 확인사항, 비용 투입)

기초공사는 철근콘크리트로 진행하며 온통기초, 줄기초, 독립기초의 세 가지다.
- **온통기초**: 건물 하부 전부에 동일한 두께의 철근콘크리트로 공사
- **줄기초**: 건물 외곽부나 코어 부분만 두껍게 철근콘크리트로 공사
- **독립기초**: 건물의 기둥이나 코너부에만 철근콘크리트로 공사

※ 대부분의 전원주택은 줄기초로 시공되며, 온통기초와 독립기초도 가능하다.

공동주택 등 층수가 높고 규모가 크면 상부 하중이 커서 온통 기초로 진행을 하지만 단독주택은 1~2층이라 상부 하중이 기초에 큰 부담이 안 되므로 대부분 줄기초를 적용한다. 기초공사에 들어

가는 비용은 기초 두께와 사용되는 철근의 양에 따라서 다르겠지만 전체 공사에서 차지하는 비중이 최소 10% 이상을 차지한다. 줄기초는 지반의 견고함이 줄기초 높이를 좌우하는데, 보통 성토를 한 곳은 지반의 견고함이 떨어져 1m를 기준으로 높이로 계획하고 있다. 만약 절토한 땅이라면 지반이 견고하므로 각 지방의 예상 동결선 높이만 하여도 무방할 것이다. 그 이상으로 진행하는 것은 과한 공사라고 생각된다.

기초공사 (버림, 철근배근, 콘크리트 타설, 거푸집 해체)

공사 진행은 건축물 기초의 외곽선을 우선 정하고, 건축물의 레벨을 결정하여야 한다. 건축물의 1층 바닥 높이가 결정돼야 굴착 깊이가 확정되고, 흙을 제거하면서 기초 부지를 정리한다. 이후에는 버림콘크리트 타설을 하고 그 위에 기초를 형성을 위한 철근배

근과 형틀(거푸집)을 설치한 후 콘크리트를 타설하여 기초를 형성하는 방식으로 진행한다. 기초 콘크리트 타설 전 건축물의 각종 매립 배관들을 설치하고, 단열재 등을 기초하부와 옆면에 설치하여서 기초를 보호하고 단열성능 확보에 많은 관심을 쏟아야 한다.

일정	작업 내용	투입 인원과 장비
1일 차	작업 여건과 내용 파악, 건축물 경계 확인	1인
2일 차	건축물 경계 확정 후 터 파기, 줄기초 버림콘크리트	2인 - 포크레인
3일 차	기초 하부 단열재 설치, 기초 철근조립	3인
4일 차	설비 배관 설치, 철근 및 기초 외벽체 형틀 설치	4인
5일 차	건물 위치 재확인, 기초콘크리트 타설	4인 - 펌프카
6일 차	형틀 해체, 오수정화조 설치, 건물 되메우기	2인 - 포크레인

※ 6일간 15인이 작업하고, 장비는 포크레인 2대, 펌프카 1대가 투입되었다.
※ 설비 배관과 오수정화조 설치 인원은 기계공사에서 다시 언급하려 한다.

기초공사에서 건축물 배치와 대지 레벨 결정은 이후 공사에 지대한 영향을 주므로 두 번 이상은 체크를 해야 한다. 건축물의 외곽선에 띄워놓은 줄을 따라 거리를 재보는 것은 당연하고, 대지경계선까지의 이격거리도 확인해야 이중으로 확인이 되는 것이다. 즉, 건물 자체만 보는 것은 찜찜하다는 것이다. 대지의 전체를 염두에 두고 건물을 확인하는 것이 지혜로운 것이다. 또한, 건축물의 레벨도 진입도로보다 최소한 40cm는 높여야 마당과 정원과의 관계 설정에 유리하다. 여기에서 중요한 것은 기초 높이보다는 방바닥 높이를 기준으로 얘기를 하여야 한다. 기초 높이를 기준으로 하면 문제가 생길 수가 있다.

에피소드 17

막걸리 한잔합시다

현장에 상주하다 보니 점심 식사를 기술자들과 같이하면서 조금 안면이 익을 때쯤이면 각 공정이 끝나게 된다. 며칠간의 인연이라도 이별의 아쉬움에 식사하면서 반주로 막걸리 한잔을 하려다가 낭패를 보았다. 모든 공정의 분들이 막걸리는 입에도 대지를 않는 것이었다.

예전에는 힘든 일을 하는 만큼 막걸리 한잔으로 파이팅했었는데 이제는 현장에서 술은 금기어가 되어 있었다. 현장 업무를 안 한 지 10년 이상이 되니 현장의 분위기를 전혀 모르고 행동을 한 것이다.

아침 8시부터 오후 5시까지 쉬는 시간 없이 묵묵히 자기 업무를 진행하는 기술자라 일당 30만 원이 아깝다는 생각이 전혀 없어졌다. 대부분 나이가 40대 후반부터 60대분들이지만 일을 허투루 하지 않고 자부심도 많았다. 대부분 젊은 보조 기술자도 없이 일을 하면서 젊은 사람들이 이런 일을 안 하려 한다고 걱정들이 많았다.

골조공사
(창호 및 방바닥 미장공사 포함)

전원주택 구조는 철근콘크리트, 목구조, 조립식, 조적식 정도로 구분이 된다.
- **철근콘크리트**: 콘크리트를 철근조립 한 곳에 부어 만드는 방식
- **목구조**: 나무를 주재료로 구조체를 짜맞추는 방식(경량. 중목. 한옥)
- **조립식**: 철골 구조체의 뼈대에 판넬로 연결하는 방식(경량, 철골, 컨테이너)
- **조적식**: 벽돌, ALC블록 등으로 쌓아 올리는 방식

※ 2023년도 전원주택의 구조의 적용 상황은 목조주택이 60% 이상. 콘크리트 주택이 30%정도 적용하고 있으며, 조적식이나 조립식주택 등이 10% 정도 차지한다.

구조형식은 설계 의뢰 전에 결정하여야 한다. 구조형식에 따라서 설계가 전혀 다르게 되기 때문이다. 단독주택 구조는 철근콘크리트

조, 경량 목조, 경량 철골의 세 가지 방식이 많이 쓰이고 있는데, 예전에 많이 쓰이던 조적식은 지금은 거의 사용을 하지 않는다. 경량 목조는 평당 700~800만 원으로 가성비 좋고 자연 친화적이며 따뜻한 느낌이 나고 박공지붕으로 많이 한다. 철근콘크리트는 평당 1천만 원 이상의 비용이 들고, 내구성 면에서는 가장 좋다. 평지붕의 형태가 많고, 통창과 코너창을 사용할 수가 있어 독특한 디자인이 가능한 것이 장점이다. 조립식주택은 경량 철골조가 가장 많이 쓰이는데, 현장 조립과 공장 조립의 두 가지 형식이 있고 요즘에는 공장 조립이 대세로 많은 업체들이 도전하고 있다. 평당 600만 원의 가격대라 적은 비용으로 건축 가능하다. 조적조주택은 기술자들을 구하기 매우 어렵고 비용도 많이 들어 요즘에는 거의 사용을 하지 않는다.

경량 목조공사(방부목, 벽체, 지붕, 창호 및 방수포 설치)

우리 집은 경량 목조를 적용하였는데 목재상에서 골조용 목재를 선정하면서 골조공사가 시작된다. 주로 사용되는 목재는 내구성과 강도가 높은 유럽산이나 북미산을 선호한다. 목재 반입 시 휘거나 옹이 등이 있는 것들도 곳곳에 있어서 약 110%의 수량을 계약하는 것이 관행인 듯하다. 바닥용, 벽용, 천정용 등으로 나누어 수량과 일정 등을 협의하고 계약을 한다. 골조공사를 맡은 목수가 일정에 맞춰서 출근하여 들어온 자재 하차와 함께 작업을 진행하는데, 보통 기능공 4~5인이 한 조로 공사를 진행한다. 전체 벽체의 하부에 방부목부터 설치하며 기초공사 시 1m 간격으로 미리 심어놓은 앙카로 바닥플레이트(방부목)을 고정하고, 약 40cm 간격으로 벽부재를 튼튼하게 고정한다. 이후 스터드와 레프터(서까래, 트러스)로 각 벽면을 만들어 세우면서 조립하게 된다.

벽 골조는 외벽과 내벽으로 나뉘며, 각각의 벽은 목조 건축 도면에 따라 정확하게 조립되고, 창문과 문이 설치될 공간도 설계에 따라 배치된다. 벽체가 완료되면 지붕 골조를 설치하는데 목조의 지붕은 경사지붕의 형태로 비나 눈, 바람 등 자연 요소로부터 보호 역할을 해야 하므로 트러스나 레프터를 사용하여 결속력을 높여야 한다. 전체 골조가 완성된 후에는 안정성을 높이기 위해 크로스 브레이싱, 플라이우드 시팅, 스트랩 등을 추가하여 구조를 강화한다. 골조의 완료 단계에서는 외벽부에 합판을 설치하고, 비가 오기 전에 방수포를 최대한 빨리 덮어서 목조주택의 최대의 적인 비로부터 보호해야 한다. 우리 집의 경우에 비가 적은 5월을 택하여 공사를 한 관계로 골조공사 시 한 번도 비가 오지 않았다.

일정	작업 내용	투입 인원과 장비
0일 차	작업 여건과 내용 파악, 건축도면 인수	1인
1일 차	기초 앙카부 연결 바닥판 설치, 목재 재단	4인
2일 차	벽체 골조 조립 및 세우기, 창호 상하부 틀 조립	4인
3일 차	벽체 골조 조립 및 세우기, 외벽용 목재 설치	4인
4일 차	지붕 골조 조립, 외부에 틀비계 설치	4인
5일 차	지붕 골조 조립, 지붕용 목재 및 방수포 설치	4인
6일 차	지붕 하부 설치, 창호 반입 및 설치	4인
7일 차	설비와 전기 배선 연결	2인
8일 차	난방용 배관 연결, 방바닥 미장 보호 필름 설치	2인
9일 차	방바닥 미장공사 실시	2인

※ 6일간 4인이 작업하고, 시스템 비계 설치가 일정에 맞게 설치돼야 한다.
※ 설비 배관과 방바닥 미장공사는 골조 완료에 맞춰 진행되어야 한다.

약 10일간의 골조공사 기간에 건축주로서 결정할 사항이 많아 바쁜 시기다.
- 기초공사 후 바닥 레이아웃 시 개구부(창문, 도어 등) 폭과 각 실의 크기 재확인
- 창문의 위치나 크기 확인 및 외부 도어 및 창호 발주(규격 확인)
- 층고, 반자 높이 결정(철근콘크리트조와 달리 현장에서 직접 확인 변경 가능)
- 벽체에 커튼, 액자, 아트월, 벽 고정형 TV 등의 고정물 설치가 필요한 곳의 보강 및 스터드 위치 조정 고려(설계 시 각자 환경에 따라 미리 고민해 두면 좋다)

- 처마의 내민 길이(한계성은 있지만 법규 내의 처마 길이는 조정 가능)

위 공정에 대한 검토(재료, 색상, 디자인)를 선행하여야 원활하게 진행할 수 있다.

목조공사는 목수를 잘 만나야 튼튼한 집을 구현할 수가 있다. 도면과 현장이 상이하고, 건축도변이 맞지 않는 경우가 많기 때문에 경험이 많은 목수가 아니면 전체적 외관을 제대로 살리지 못할 수도 있다. 지붕의 경사각, 각 실의 천장, 처마의 길이, 계단의 기울기, 벽장의 위치 등 건축주가 하고 싶은 사항을 목수들이 현장에서 정확하게 이행하기 때문이다.

방바닥 미장공사 사진

골조공사 진행 중에 창호공사와 전기통신, 기계 배관도 같이 검토하고 진행한다. 골조공사 마무리와 함께 창틀을 고정시키고 창호도 설치해야 한다. 창호공사가 완료된 후에는 난방을 위한 방바닥 미장공사를 하는데 이때는 전기, 통신, 기계 배관을 같이 검토하고 진행해야 한다.

조명의 위치 및 종류, 콘센트·스위치 위치를 도면에 표기하면 확인 및 공사 진행이 수월하다. 비교적 변경이 용이하므로 시공자와 상의하며 진행이 가능하다.

　설비 배관은 세면대, 변기 등의 위생기구 위치와 싱크대 배치를 고려하여 그 위치를 확인하며, 압력을 걸어놓아 마감공사까지 누수 여부를 확인하면 좋다. 설비 배관이 완료되면 방바닥 미장공사를 레미콘 회사에 몰탈을 주문하여 펌프카(몰탈 타설 기)를 사용하여 진행한다.

　미장공사 전 바닥 매립 기구(ex. 바닥 콘센트 아일랜드 주방의 바닥 배관 등)에 대한 고려·시공이 완료되어야 한다.

단열공사와 내장 인테리어 공사

단열재 종류
- 글라스울: 가성비가 좋고, 단열성능도 좋아 목조에 가장 많이 사용한다.
- 미네랄울: 가격은 비싸나, 기밀성 확보가 좋아 사용 빈도가 늘어난다.
- 수성연질폼: 가격이 가장 비싸고, 기밀성은 최고다. 빈틈에 많이 사용하는 자재이다.
- 스티로폼: 가장 흔한 자재지만, 단열성능이 안 좋아 두껍게 설치해야 한다.

내장재 종류
- 도장: 다양한 색상과 마감이 가능, 실내 공간이 아늑한 느낌을 준다.
- 벽지: 패턴, 질감, 색상이 다양하여 많이 쓰이지만, 평이한 인테리어가 된다.
- 타일: 욕실, 주방, 현관 등 습기가 많은 공간에 주로 사용된다.
- 목재: 따뜻하고 자연스러운 느낌을 주며, 고급스러운 인테리어가 된다.

단열 공법은 내단열과 외단열로 나뉘는데, 공동주택 등 고층 건물은 외단열이 어려워 내단열을 주로 하지만, 단독주택은 단열성능이 월등한 외단열이 많이 사용된다. 외단열은 내단열보다 중심선이 밖에 있어 실내 면적도 커지는 장점도 있다.

경량 목조는 글라스울(유리섬유)-미네랄울-수성 연질폼의 순으로 많이 사용되며, 가격도 같은 순서대로 비싸지만 기밀성에서는 좋아진다. 철근콘크리트는 스티로폼, 글라스울, 미네랄울을 많이 사용한다. 경량 철골은 수성 연질폼, 미네랄울, 스티로폼을 많이 사용하지만, 스티로폼은 주택에서는 사용 안 하는 것이 좋다.

내장공사는 내부 마감 공정이라 제일 긴 시간이 소요되며, 마감 바탕인 석고보드를 내부에 설치하는데, 보통은 석고보드 2겹으로 한다. 마감자재는 아주 다양한 종류가 있으며, 가격에서도 천차만별이라 내장재 고르기가 매우 어렵다. 인테리어에 진심인 요즘 추세에 따라 벽지와 목재, 도장과 타일류 등 재료들도 점점 다양해지고 있다. 새로운 재료도 많이 출시되고 있어 거주자 취향과 스타일, 기능성, 유지보수 등을 고려하여 선택하려면 너무 많은 제품들로 인해 선택 장애가 일어나기 쉽다.

선택 장애를 극복하려면 각 공간의 특성에 맞춰 주자재를 먼저 확정하고 거기에 어울리는 보조 자재와 색상을 선택하면 조금은 편해진다. 예를 들면, 화장실 자재는 아직 타일이 대세이므로 재료는 확정하고 색상만 결정하면 되고, 각 실 바닥 재료는 목재와 세라믹

타일이 대세이므로 재료와 색상을 먼저 확정하고 거기에 어울리는 벽체의 자재와 재료를 찾으면 된다. 물론, 전체적인 컨셉은 지키면서 정해야 한다.

단열 및 인테리어 공사(단열재 설치, 석고보드 부착, 바탕 면 처리, 최종 마감)

우리 집 단열재는 글라스울 140mm를 내부에, 스티로폼 90mm를 외부에 이중으로 시공하여 단열성능 확보에 중점을 두었다. 단열재는 자재 성능도 중요하지만, 기밀성 있게 시공을 하느냐가 중요하므로 그라스울은 경량목조 사이사이에 빈틈없이 꼼꼼히 넣었는지와 처짐 등이 없도록 단단한 고정 상태 확인이 중요하다. 스티로폼은 외벽의 합판에 스패너로 고정하고, 연결부는 수성 폼으로 틈새를 보완하게 된다. 단열재는 준공 시에 납품확인서와 시험성적서를 제출하므로 자재 납품 때 서류를 확인하고 보관해야 한다. 2019년 이후에는 의무사항이 되어 설계 때부터 단열 자재와 두께를 염두에 두고 진행하고 있다.

우리 집의 전체적인 마감의 컨셉은 단순하면서 깔끔함이다. 20평 단층 소형 주택이라 단순하고 심플한 이미지를 위해 최종 마감도 흰색 도장을 주자재로 정하였다. 또한, 내벽 벽체마다 자작나무로 벽장을 설치하여 가구 설치도 최소화하여 심플한 공간의 이미지를 갖추려면 도장으로 하는 것이 제일 어울렸기 때문이다. 페인트는 친환경 자재로 소문난 벤자민무어 제품으로 국내 제품보다 2배가 넘은 가격이었지만, 최종 마감의 질도 훨씬 고급스러워 사용하게 되었다. 안방 한 면과 별채에는 아트월로 시공하여 도장공사의 단조로움을 해결하려 하였고, 화장실은 흰색 계열과 곤색 계열로 했다. 또한, 각 실마다 설치한 내부 벽의 벽장과 각 창호의 틀은 목재에 바니스 칠을 하여 마감하였다.

일정	작업 내용	투입 인원과 장비
0일 차	작업 여건과 내용 파악, 건축도면 인수	2인
1~2일 차	단열재 벽체 설치, 전기 벽, 천장 배관 작업	2인
3~5일 차	창호 주변 몰딩, 벽장(4곳) 몰딩 작업	2인
6~8일 차	단열재 천정 설치, 벽체 석고보드 설치(2겹)	2인
9~11일 차	지붕 석고보드 설치, 내부에 틀비계 설치	2인
12일 차	다락 계단 설치, 주방과 별채의 식탁 제작	2인
13일 차	별채, 안방 디자인 월 설치	2인

※ 13일간 2인이 작업을 하였고, 제일 중요한 단열공사가 포함되어 있다.
※ 전기통신 배관은 전기공사에서 다시 언급하려 한다.

단열공사는 내부와 외부에서 각각 진행하였는데 단열재를 골조 각재 사이에 설치하는 내부 작업과 외부에 설치된 합판에 부착하는 작업을 하였다. 두 작업 모두 좋은 열관류율을 가진 정품의 자재를 써야 하고, 단열재 사이의 틈을 없애는 것이 제일 중요하다. 이 단열공사는 공사 완료 후에는 알 수가 없는 공정이므로 공사 진행 시 자재 반입 확인과 공사 중 벽체 코너와 지붕 연결부 등은 육안 확인을 해야 안심이 되는 공정이다.

내장공사는 단열재 설치 후 마감공사의 바탕이 되는 석고보드를 설치하는 작업이다. 단순한 작업으로 보이지만 마감공사의 바탕 면을 만드는 것으로 매우 중요한 것이다. 공사 전 인테리어 마감 재료의 선택 확정해야 하고 보강이 필요 부위도 확인해야 한다.

- 내부 도어, 몰딩, 아트월, 계단재, 타일, 위생기구 등 기타 마감재
- 싱크대, TV, 커튼, 전기박스 등 부착 자재
- 욕실 등 물 사용이 있는 곳에서는 방수 자재(내수합판, 방수 석고보드) 사용

　석고보드 작업은 보통 2겹으로 진행을 하고, 수직 수평과 정확한 치수로 설치해야 도장과 도배 등의 주요 마감뿐만 아니라 각종 창호와 가구, 몰딩과 부착 자재가 정확하게 설치할 수가 있다.

　도장공사는 바탕인 석고보드 이음부 퍼티와 도장 면 전체에 퍼티 작업으로 2차에 걸쳐 작업을 하는데 제일 많은 정성이 들어가는 공정이 된다. 정작에 페인트는 2회 작업을 하였는데도 이틀 만에 완료하였다. 우리 집의 벽장과 각종 창호 몰딩도 자작나무에 바니시 도장으로 마무리하여 전체적으로 심플함을 살리게 되었다. 별채 전부와 안방 한 면에는 고급 아트월로 시공을 하였음에도 도장공사 비용이 훨씬 많이 들었다. 자재와 공정에 많은 비용을 투자할수록 내구성과 마감성이 우수하게 나온다는 것을 확인할 수가 있었다.

외장공사와 지붕공사

외장재의 종류
- 스타코: 색상이 다양하고 부드러운 느낌이 있으며, 단열에 유리하다.
- 금속류: 현대적인 외관의 느낌으로 내구성이 좋고 유지관리가 쉽다.
- 석재류: 내구성과 미적으로 아름답고 유지관리가 쉽다.
- 벽돌류: 다양한 색상과 질감을 가지며, 전통적이고 우아한 외관의 느낌이 든다.
- 합성재: 다양한 스타일과 색상을 제공하는 비닐이나 섬유강화 플라스틱(FRP) 같은 합성 재료로 가격이 저렴하여 예전에 많이 쓰였다.

지붕재의 종류
- 아스팔트싱글: 가장 많이 사용했으며, 설치가 간편하여 비용이 적게 든다.
- 금속류: 현대적인 외관의 느낌으로 내구성이 좋고 유지보수가 적게 든다.
- 기와류: 다른 지붕재에 비해 단열성능이 좋고, 미려하며 내구성이 좋다.

※ 전원주택의 조형미는 구조형태로 정해지지만, 색감과 질감으로 인한 건축물의 모습은 외장과 지붕의 재료와 색상에서 정해진다. 또한, 주택의 외관뿐만 아니라 내구성과 안정성에도 영향을 미치는 중요한 부분이다.

외장재료로 석재류와 금속류, 스타코(드라이비트)가 요즘 가장 많이 쓰이고 있으며, 벽돌류와 합성재, 목재는 전반적으로 쓰기보다는 포인트로 부분적으로 쓰인다. 현재 세라믹 사이딩이 대세인데, 색상의 변화도 없고 유지관리에 좋다. 단점은 색상 종류가 많지 않아 불리하며, 돌이나 벽돌 등을 대체재로 선택할 수가 있다. 금속류의 사용도 늘어나는 추세인데, 지붕재로 금속류를 많이 선택하며 벽체에도 일관성 있게 선택한다. 유지관리에는 아주 좋으나 질감과 색상에서 아주 제한적이라 주변과 조화에는 아쉬움이 있다. 반대로, 스타코는 주변과 조화가 가능한 색상 선택이 가능하지만 유지관리에는 제일 어려운 것이 큰 단점이다.

지붕재로 가장 많이 쓰이던 아스팔트싱글은 요즘 신축 주택에서는 많이 쓰이지 않고, 대부분은 금속류나 기와 중에서 선택하는 것이 대세가 되었다. 현대적이고 모던한 것을 좋아하는 사람들은 금속류를 찾고, 자연과 조화를 중시하고 전통적인 것을 좋아하면 기와류를 선택하는 것 같다. 금속류는 색상이 한정된 단점이 있지만 공사하기 편하고 유지관리도 편하다. 기와류는 종류와 색상이 다양하여 선택에 폭이 넓은 대신 금속류보다 공사가 어렵고 유지관리에 신경을 써야 한다.

외장 및 지붕공사(바탕 면 정리, 스타코 도장, 스페니쉬기와 작업, 징크 마감)

우리 집은 넓은 면적의 박공지붕의 재료로 스페니쉬기와를, 별채의 외쪽지붕에는 징크를 적용하였다. 전체를 스페니쉬기와로 하려고 했었지만 향후 태양광 설치를 위해 별채 쪽은 징크를 사용하게 되었다. 전원주택에서 지붕공사는 제일 많은 하자의 대상이므로 목조에서는 경사지붕을 많이 적용하게 된다. 지붕공사는 비나 눈으로부터 구조체를 보호해야 하므로 방수시트의 접착과 지붕재 간의 연결부의 견고성이 제일 중요하다. 또한, 외장재와 마찬가지로 구조체와 연결부 공사가 공사 품질을 좌우하므로 꼼꼼하게 시공하는지 눈여겨 볼 대상이다. 특히, 스페니쉬기와 공사는 박공지붕이 여러 지붕면과 겹치는 부분이 많아 연결부의 깔끔한 처리가 되었는지 구석구석을 체크하여야 한다. 금속공사 부분은 외쪽 지붕으로 일방향 경사를 주었고 자재의 연결부가 스페니쉬기와보다 현저히 적어 공사하기가 쉬운 편이었다. 스페니쉬기와는 3인 1조로 2일을, 금속은 3인 1조로 하루 만에 마무리하였다.

외장재는 색상이 다양한 스타코를 처음부터 생각하고 있었는데, 스페니쉬기와에 어울리는 색상이 정해져 있어 주변과는 어울리지만 너무 평범한 상황이 되어서 별채의 동측 벽면은 지붕의 징크와 동일하게 결정했다. 스타코 색상은 아내의 결정에 맡겨 미색 계통으로 확정이 되었다. 건물의 전체적인 디자인을 좌우하는 외장재와 지붕재는 부부간에 합의를 꼭 해야 할 필요가 있는 부분이다. 스타코의 경우는 스티로폼 90mm를 바탕으로 하여서 연결부 바름과 전체 미장 바름 2회와 미색 계통의 도장을 진행하므로 단열성능 확보에도 유리한 방식이다. 외장재는 구조체와의 연결공사가 시공 품질을 좌우하므로 간격은 최대한 가깝게 고정핀을 연결해 주고, 지붕 부분도 골조공사 시에 지붕선 끝까지 연결되도록 단열재 연결할 홈을 시공하여 주어야 한다. 외장재 공사는 2인 1조로 약 7일간 진행이 되었다.

일정	작업 내용	투입 인원과 장비
0일 차	작업 여건과 내용 파악, 건축도면 인수	1인
1~3일 차	외벽 스티로폼 부착 작업, 이음부분 보강	2인
4~6일 차	1차 바탕 미장, 2차 재벌 미장	2인
7~8일 차	스타코 색상 바르기	2인
9~15일 차	내부 도장공사	2인

※ 2인이 15일간 작업하였으며, 내부의 도장공사도 포함되었다.

일정	작업 내용	투입 인원과 장비
0일 차	작업 여건과 내용 파악	1인
1일 차	별채의 벽 징크 설치, 별채의 지붕 설치	2인
2일 차	별채의 지붕 설치	3인
3일 차	스페니쉬기와 반입, 지붕으로 자재 운반	3인
4일 차	본채의 스페니쉬 설치	3인
5일 차	본채의 스페니쉬 설치	3인

※ 3인이 5일간 징크와 스페니쉬기와 설치 완료.

지붕공사에서는 처마를 설치하면 좋은데 이층집도 해야 하지만 단층집의 경우는 무조건 설치하는 것이 좋다. 2층인 경우는 채 1m가 안 되는 처마 길이의 효과가 많지 않지만, 1층의 경우는 엄청 크다. 특히, 우리 집처럼 외장재가 도장인 스타코일 경우는 오염을 방지하기 위해 더더욱 필요하다. 비 올 때 창문을 열어놓을 수가 있는 것은 자연과 교감이 언제든 가능하여 전원생활의 즐거움을 느낄 수가 있다. 또한, 비 올 때 우산 없이 처마 아래로 집을 한 바퀴 돌며 마당과 정원을 살피는 것도 가능하다.

수장공사
(기계, 화장실, 전기·통신, 가구공사)

욕실 공사는 우선 내수 석고보드인 바탕에 방수작업을 철저히 하여야 한다. 작은 면적이어서 현장소장과 함께 직접 공사를 했지만 기술자가 하는 것보다 더 꼼꼼하게 처리를 한 것 같아서 마음이 한결 좋았다. 할 수만 있으면 어떤 공정이든 직접 한다면 마음은 편하겠다는 생각이 들었고, 특히나 눈에 안 보이는 곳은 직접 함으로써 안심할 수가 있다. 타일공사는 두 곳 모두 2인이 하루에 마무리가 가능한 일이었다. 욕실 공사의 완성은 각종 도기류와 거울 등의 부속자재의 설치가 되어야 제 역할을 하게 된다.

수장공사(화장실, 주방가구, 바닥재, 조명 및 기구 배치)

난방공사는 마감공사 완료될 즈음에 보일러를 사서 설치하고 지역 LPG 업체와 공급 계약을 맺으면 바로 공급이 가능하였다. 요즘에는 LPG 업체가 가스 잔여량 체크를 바로 하게 되어 있어 집주인은 신경을 쓰지 않게 되어 있다. 보일러와 가스 공급이 되어 바닥난방을 2일간 실시하여 난방이 잘되는지 확인한 후, 바닥재의 시공이 가능하게 된다. 바닥자재는 자재 판매와 시공을 같이하는 곳이 많으며, 20평 정도로 물량이 아주 적을 경우 재고품에서 선택하면 매우 저렴하게 시공이 가능하다.

전기·기계 배관은 단열공사를 하면서 진행하는데, 각종 기구의 설치 및 배치에 따른 것으로 미리 충분한 고민을 통해 미리 결정하는 것이 가장 좋다. 예를 들어, TV를 동측 벽에 둘지 서측 벽에 둘지가 고민이면, 두 군데 모두 설치해 놓는 것도 방법이며, 콘센트는 추후 가전 등을 고려하여 여유 있게 설치하는 것이 좋다. 전기도면 없이 건축주로서 가구와 가전의 위치를 감안하여 즉석에서 결정하면, 막상 가구나 가전들이 들어오고 배선의 위치가 잘못된 곳이 하나둘 나타나면서 아내의 구박을 받아야 한다. 전기도면은 없더라도 건축 평면에 가전과 가구 위치와 전등의 위치와 방식도 표시하면 기술자들이 정확한 위치를 찾아 설치가 가능하다.

싱크대는 필수적인 주방의 가구이지만 건축공사와 별개로 시공을 맡겨야 하며, 가구의 금액과 품질은 천차만별이라서 고르기에 힘든 품목 중 하나이다. 대기업 제품은 가격이 비싼 만큼 샅샅이 살펴보게 되면 겉모습보다는 상·하부장에 사용의 편의성을 개선한 많은 기능을 가지고 있어 중소기업의 제품 구매보다는 눈길이 간다. 가격은 저렴하면서 기능적으로 대기업과 차이가 안 나는 곳이 이케아 제품인데 각 제품의 구매에 시간이 걸리는 것이 아쉽다. 고민하다가 아쉽지만 중소기업 제품으로 결정하였다.

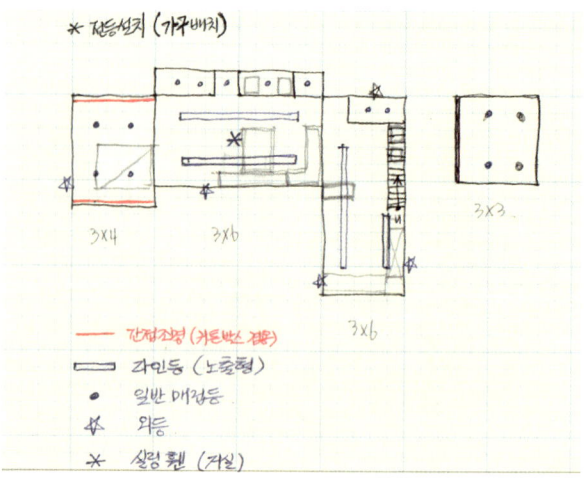

전등 설치 계획(아내가 직접 정함)

　조명공사는 처음부터 아내가 전적으로 맡아서 하기로 하여서 큰 고민을 덜었는데 설계단계에서 간접조명을 위한 우물천장 등은 고려치 않기로 하고 조명자재의 선택에 포커스를 맞춰서 진행되었다. 안방 일부와 다락, 욕실, 다용도실, 보일러실 등에는 매립 등을 설치하였고, 주생활 장소인 안방과 주방, 별채에는 레일 등을 설치했다.
　경사천장으로 공사한 주방 중앙에는 실링팬도 추가되었으며, 건물 외부 몇 곳에 외부 등을 설치하였고. 정원에는 태양열을 이용한 외부 등을 설치하게 되었다.

　각 내장재료의 선택은 주택 소유자의 취향과 우선순위, 생활 방식, 예산 등을 고려하여 결정되어야 한다. 또한, 내장재료는 서로 어울리도록 선택하는 것이 주택 내부의 통일된 분위기를 조성하는 데 도움이 된다.

일정	작업 내용		투입 인원과 장비
0일 차	작업 여건과 내용 파악, **방수공사** 진행		1인
1일 차	화장실 2곳 타일 공사		2인

※ 2인이 하루에 타일공사 마무리 가능함.
　단, 방수공사를 4일 전에 현장소장이 직접 시행하였다.

0일 차	보일러 반입, LPG 가스 공급 계약		1인
1일 차	**보일러 설치, 각종 수전과 기구류 부착**		2인

※ 2인이 보일러 시운전과 기계 수전류와 화장실 기구류 부착.
※ 보일러 설치비 포함 160만 원, 기계공사(자재 포함) 1천만 원 지급

0일 차	작업 여건과 내용 파악, 본전기 인입 실시		1인
1일 차	**조명기구 및 각종 기구류 부착**		2인

※ 2인이 하루에 전체 마무리. 전등구입비 포함 700만 원 지급

0일 차	작업 여건과 현장 실측, 주방가구 도면 확정		1인
1일 차	**주방가구와 창호하부 의자겸용 수납장 설치**		2인

※ 2인이 오전에 설치 완료. 설치비 포함 500만 원 지급.

0일 차	작업 여건과 현장 실측, 바닥자재 선정		1인
1일 차	**바닥 마루와 걸레받이 시공**		2인

※ 2인이 오전에 설치 완료. 설치비 포함 200만 원 지급.

착~준공	현장소장님 인건비	10,000,000원	1인
착~준공	현장식비, 지게차와 운반비	4,000,000원	2인
준공	현장 쓰레기 및 준공 청소	2,000,000원	2인
준공	대문/ 주차장 등 추가 예비비	5,000,000원	

※ 준공 단계 공사 비용이 2천100만 원 투입됨.

토목 및 조경공사

　토목공사로 단지 내 도로까지 오·우수 배관 연결과 오수정화조 설치, 전기와 수도 인입공사는 되도록 기초공사와 동시에 진행하게 되는데, 포크레인 장비가 들어올 때 같이 작업을 진행해야 비용을 줄이는 효과가 있다. 내 대지 내 각종 외부 배관의 위치는 허가 도면에 있어도 변경이 되는 경우가 많으므로 사진을 찍고 도면화를 해 놓는 것이 추후 보수공사 때든 나무식재 때든 활용을 할 수가 있다.

토목공사 진행 사진(보도블록 설치, 현무암 개비온 설치)

건축공사 완료 시에는 배수가 잘되는 마사토 25톤 트럭으로 한 대를 들여와서 필지 주변의 레벨도 맞주고, 조경 구간에 나무를 식재할 기본을 만들게 된다. 한여름에 준공을 하면서 조경을 당장 진행을 하지는 못하지만, 담장과 대문이 설치되면 장비 사용을 더 이상 하기가 힘들어지므로 조경 구간의 정리도 필수가 되었다. 보도블록을 시공할 건물 주변 1m와 대문, 데크 부분에도 쇄사 15톤 한 대를 더 들여와서 보도블록 시공이 가능하도록 포크레인으로 다짐을 하게 되었다. 며칠 후 보도블록 자재와 도로변의 현무암 개비온을 반입하여 골목길 사람들과 함께 직접 시공하게 되었다. 6명이 하루면 다 끝낼 물량이라고 생각하였으나, 현무암 개비온 담장 설치에만 거의 하루가 다 갔다. 보도블록 시공은 자재만 시공 위치에 가져다 놓는 상태로 하루를 마무리하게 되었다. 같이 땀흘리고 함께 먹는 저녁의 삼겹살은 그야말로 꿀맛이었지만, 내일도 다 같이 할 수는 없었다. 보도블록은 하루 혼자 해보니 만만한 공사가 아니어서 재빨리 포기하고, 수소문한 기술자 두분과 함께 배워가면서 이틀을 꼬박 하고 마무리되었다.

　조경공사는 건축공사 완료 시기가 한여름이라 하지 못하고 준공이 완료된 가을에 나무와 꽃들을 심기로 하였다. 준공 후 가을까지 구입할 나무와 꽃을 어느 곳에 심을지를 계속 상의하면서 조경 도면을 그리게 되었다. 마당의 전면에는 잔디를 식재하기로 하고 화단과의 경계에는 미리 잔디 엣지를 설치하였다. 북측 마을 도로변의 현무암 개비온 사이 경계에는 남천나무를 골랐고, 골목길과 앞집 경계에는 사철나무와 쥐똥나무를 섞어서 심기로 확정했다. 앞마당 전면에는 홍가시나무, 세렉스, 수국나무를 일렬로 심고 너무 키 크지 않도록 관리하려 하였고, 나무 주위로 메인 화단을 만들기로 했다. 골목길 대문 측으로는 대추나무와 감나무를 심고, 두릅과 튤립, 난초류들을 배치했다. 도로변과 골목길이 맞닿는 곳에는 마을의 나무인 산수유나무를, 그 옆에는 미스김라일락을 심고 주변에는 꽃잔디 등 키 작은 꽃들을 심기로 하였다. 동측의 파고라 주변에는 머루나무를 심어 파고라를 감싸안게 하였고, 그 좌우 빈 공간은 상추, 고추, 가지, 토마토 등을 심어 작은 텃밭을 조성하고 햇볕이 가장 안 드는 북동 측에는 장독대를 설치하기로 하였다.

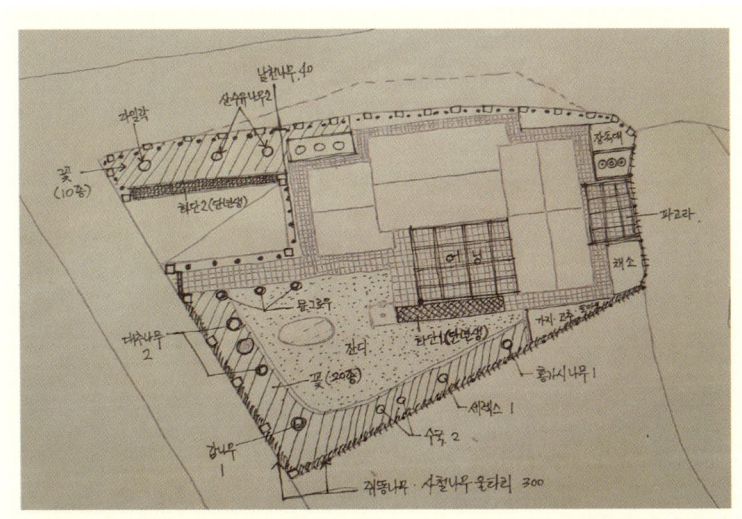

일정	작업 내용	투입 인원과 장비
1개월	조경도면 작성, 울타리, 정원용 나무 검토	2인
가을	울타리, 정원용 나무 구입 및 식재	2인
	전정과 후정에 다년생 꽃 식재	2인
이듬해 봄	울타리, 정원용 나무 추가 구입 및 식재	2인
	다년생 꽃 식재, 텃밭에 작물 식재	2인

※ 나무, 꽃, 작물의 종류는 각각 10개 이상인데, 하나하나 특성도 다르고 해줘야 할 것도 다르니 매일이 공부하는 시간이 된다.

드디어
준공이 되었다

개발행위허가의 준공이 선행되어야 건축 준공을 진행할 수가 있다. 준공 처리를 위해 토목설계업체에 다시 연락하여 대지조성의 상태와 건축물의 위치 등을 재확인하는 절차를 밟게 되는데, 도면에 맞춰 시공하였기에 순조롭게 진행되었다. 한 가지 문제는 준공하려면 앞집과의 경계가 명확해야 한다는 것으로, 즉 담장 설치가 문제였다. 우리 골목의 담장은 나무울타리로 하기로 여섯 집이 협의가 되어 있어 나무식재를 해야 하였지만, 준공 시점이 한여름이라 나무식재는 할 수가 없었다. 임시방편으로 철재 울타리를 기둥 없이 간단하게 설치하여 진행하게 되었다.

다음으로, 건축공사에 대해서도 지자체의 사용승인을 받아야 한다. 준공에 필요한 서류는 설계사무소를 통하여 착공 전에 확인이 필요하다. 각 공종마다 준공을 하려면 준공검사 필증과 서류 등을 꼼꼼히 챙겨야 준공을 순조롭게 진행할 수 있다. 각 공정이 완료될 때마다 시험성적서와 납품확인서 등 업체에서 받은 서류를 잘 보관하는 것이 좋으며, 시공사 또는 현장 관리자에게 요청하면 된다. 기계·설비 공정인 보일러, 상하수, 가스 등의 각종 인입 관련 서류와 창호 및 단열재류의 납품 확인, 위생기구들의 절수 여부, 폐기물처리 확인 서류, 부지의 경계 표시, 주차장 설치 등 관련 법령에 따른 서류가 필요하다. 다 합쳐보면 약 스무 가지의 서류가 있어야 한다.

준공에 관한 서류가 정리되어 사용승인 신청이 되면, 지자체 공무원들이 현장 확인을 거쳐 준공 여부를 판단하게 된다. 각 실과 창호 규격까지 정확하게 체크하므로 공사 중에 변경된 사항들은 필히 준공도면에 반영한 후에 진행해야 문제가 없다. 건축공사 하면서 변경되는 사소한 것은 대부분 준공 시 일괄 변경이 가능한 사항이므로 준공도면만 다시 만들면 큰 문제가 없게 된다. 이렇게 문제 없이 진행되면 15일 이내에 준공 처리가 된다.

준공이 완료되면, 건물 신축에 대한 취득세와 토지 지목변경에 대한 취득세 2개를 내야 한다. 건물 신축에 대한 취득세는 대부분 이해하고 내게 되는데, 지목변경에 대한 취득세는 있는지 모르는 경우가 있으니 꼭 확인해야 한다. 우리의 경우에는 건물 취득세 200만 원과 지목변경 취득세 70만 원을 내게 되었다. 이 마지막 세금을 끝으로 더 이상 돈이 들어가지 않길 기대해 본다. 이렇게 해서

7년간의 대단원의 막이 끝나는 오늘, 아내와 새집에서 삼겹살에 소주 한잔은 필수였다. 다 지어진 우리의 공간에서의 한잔은 건축공사의 마무리였지만, 그 공간을 채우고 느껴야 할 우리 부부에게는 새로운 30년의 새로운 도전의 순간이기도 하였다.

건축공사비 분석

현장에 거의 상주하면서 각 공정의 진행 상황을 확인하고, 꼭 지켜야 하는 중요 체크 사항이 무엇인지 알게 되었다. 건축설계 시에 적용하면 시공하기가 어려워, 하자위험이 있는 사항들도 파악할 수가 있었다. 경량 목조 건축물의 공사 매뉴얼도 이제는 확립이 되어서 목조에 대한 우려스러움도 많이 없어졌다.

총공사비는 예산인 1억 5천만 원을 약간 상회한 상황이지만, 견적 내용에 없었던 주방가구, 상수도, 오수정화조, 토목공사와 세금을 제외, 순 건축공사비는 1억 4천만 원으로 당초 견적비용보다 1천만 원이 적게 들어갔다.

지출항목	금액	비고
기초공사	15,000,000	H=1m 줄기초, 철근 4톤, 레미콘 50㎥ 사용
골조공사	22,479,000	경량목구조 조립과 창호설치비 포함
시스템 비계	2,500,000	안전상 단가 높은 시스템비계 사용
창문 자재비	9,000,000	목재 전용 창호(창 14개, 문 2개)
방바닥 미장공사	2,000,000	다락은 제외하고 진행함
내장공사	22,580,000	단열공사비용도 포함
내부 도장공사	8,000,000	친환경 벤자민무어 페인트 사용
지붕 & 외장공사	20,300,000	스타코+스페니쉬기와, 스타코+징크
화장실&기계공사	11,600,000	화장실 방수공사 건축주 직접 시공
조명&전기공사	7,000,000	레일 조명등과 매입등을 주로 사용
바닥재공사	2,000,000	호텔 납품 후 남은 자재를 선택하여 사용
현장소장 인건비	10,000,000	50일 동안 상주하며 건축 감리 역할도 함
식대 & 운반비	4,000,000	기능공 점심 식대와 자재 운반비
폐기물 & 청소	2,000,000	1회에 25톤 트럭으로 반출, 준공 청소
상수도 연결비	1,300,000	필지내 연결 및 수도계량기를 설치
주방가구	5,000,000	주문제작에 최소 10일이 걸림
오수정화조 설치	7,500,000	오수정화조외에 에어펌프 1,500,000원 추가
토목공사	5,000,000	기능공 2인과 직접 시공
건물 취득세	2,000,000	건물 준공에 대한 취득세
지목변경 취득세	800,000	지목 변경 후 대지에 대한 취득세
합 계	160,059,000	당초 예산인 1억 5천만 원을 약간 초과

시 한 편

고향

작자 미상

오랜만에 고향에 내려갔다
엄마가 열어준 방문 틈으로
어린 시절이 보였다
뛰어노는 내 모습이 보였다
잔디밭 위에 떨어진 햇빛처럼
그 시절은 반짝였다

도시에서의 생활은 언제나
너무 바빠서
가끔은 내가 누군지도 잊곤 한다
그런 날이면
고향의 그 작은 집에
돌아가고 싶어진다

창밖을 보면
엄마가 텃밭에서
흙을 만지고 있고
아빠는 낡은 의자에 앉아
신문을 읽고 계신다

이런 평화로운 풍경 속에서
나는 늘 소녀로 남아
어린 시절의 나를 만나곤 한다

하지만 도시로 돌아올 때면
다시 바쁜 일상에 휩싸인다
고향은 멀어져만 가고
그리운 마음만 쌓여간다

"고향"이라는 단어조차 모르고 살아가는 우리 아이들에게 정서적으로 힘들 때나 외로울 때 찾을 수 있고, 도시 생활에 지쳐 힐링을 할 장소가 우리 집이 되면 좋겠다.
  우리 집 마당의 햇빛 아래에서 차 한 잔 마시고, 정원에서 나무와 꽃 이름을 배우고, 텃밭에서 가지, 고추, 토마토, 감자, 고구마도 수확하고, 저녁에는 상추와 꽁치를 뜯어 삼겹살에 소주 한잔하며 바쁜 일상을 잠깐이라도 잊고 가면 좋겠다.

PART 6.
입주 후 이야기

1장

집들이

준공을 하였다 하니 주변에서 집들이를 하라고 한다. 아내는 요새 누가 집들이를 하냐고 세상물정 모른다고 타박을 한다. 15년 전 아파트 입주 때는 집들이한 기억이 가물가물하고 요즘은 통 집들이를 안 하는 것은 맞는 것 같다. 전원주택이라 친지분들과 지인들이 한번 와보고 싶어 해서 초대는 해야 할 듯하다.

준공을 위해서 건물과 담장 정도만 어찌어찌 진행되었지 가구와 가전은 이제야 구입 리스트를 작성 중이고, 마당은 아직 흙뿐이라 서둘러 모양을 갖춰야 집들이를 할 수가 있을 것 같다. 누굴 시킬 일이 아니라 준공 후가 우리에겐 더 바쁜 나날이 되었다.

정원에 심을 나무와 꽃을 정하고, 여러 군데의 농원과 화원을 돌아다녀 구입해서 심었다. 담장을 나무로 하기도 하였지만, 50평의 조그만 정원을 꾸미는 데 이렇게 많은 나무와 꽃이 필요할 줄은 몰랐다. 가전과 가구도 인테리어에 어울리는 것으로 고르려니 많은 시간이 걸렸다.

집들이 · 함팔이

신혼살림 차릴 때,
전세를 벗어나 첫 아파트 입주 때,
직원들과 친지들을 모시고 잔치를 한다.
신부의 집으로 함을 가지고 가서 판다.
신부 친구들이 들어가자고 한다.
함값을 많이 받으려 안 들어가려 한다.
지켜보는 동네 사람들이 즐거워한다.

백일 · 돌 · 환갑 · 칠순 잔치

태어나 백일과 첫 생일,
살아가며 맞는 매해 생일,
장수를 축하하는 환갑, 칠순 잔치.
삶을 꾸려가는 매일 매일이 감사하다.

고향

태어나고 자란 곳으로, 내 마음의 안식처.
어머님과 할머님이 나를 맞아주던 곳.
이웃집에 어른들과 친구들이 있던 곳.
마을 이정표가 있어 설레는 곳.
멀리서 보이는 동네 앞 아름나무.
가는 길이 전부 생각나는 곳.
추억이 잔뜩 묻어 있는 내 집이 있는 곳.

입주까지 할 일들이 무궁무진하다

전원주택 준공을 하면서 인테리어와 살림 장만에도 만만치 않은 비용이 들어간다. 에어컨, 세탁기, 냉장고, 컴퓨터, TV, 식탁과 의자, 침대, 수납장 등 신혼생활을 준비하는 사람처럼 들떠서 준비를 시작했다. 가전제품은 부부만을 위한 것으로 소형으로 진행하였고, 가구는 각 방에 마련한 벽장이 많이 있어 꼭 필요한 몇 가지만 구입하였고, 목조주택과 어울리게 원목가구들로 채우려 하였다.

벽장을
방마다 설치 ▶

식탁, 수납장을
◀ 원목가구로 제작

다락의 조망이
뛰어난데
작은 창호가
아쉬움 ▶

    가전제품을 설치하려니 콘센트의 위치가 몇 군데 안 맞으니 별도 선을 연결하는 일이 생기면서 바닥이 지저분해졌다. 다용도실에는 세탁기와 냉장고를 설치하고, 별채에 에어컨과 컴퓨터를 설치하였고 안방에는 TV를 설치하였다. 주방은 전자레인지, 전기밥솥을 설치하니 생활하기에 모자람이 없어졌다. 소파도 별채 남측 창 변으로 길게 사다 설치하여서 커피 마실 장소가 되었다.

집 전면의 마당으로 통하는 별채의 분합문에 3×4m 기성제품으로 어닝을 계획했으나, 주방 창과 겹쳐 어울리지 않는 것 같아 주문 제작으로 수동 어닝을 설치하였다. 마당 탁자는 내가 원하던 평상 대신에 아내가 고른 노란색 탁자와 의자로 하게 되었다. 인테리어가 맘에 들지 않은 아내에게 평상은 단번에 '노!'였다. 동측 천변으로도 파고라를 만들고 주변에 다래나무 두 그루를 심어서 몇 년 후에는 다래를 따 먹고 차 한잔할 공간이 되도록 하였다. 정원의 한가운데에는 파라솔을 설치하여서 햇볕 좋은 날에 따스함을 느끼려 하였다. 앞마당과 옆 마당, 정원 한가운데 각기 다른 형태로 쉴 공간을 만들었다.

이외에도 문패, 우체통, 정원 등, 마당 탁자와 의자 등 신경을 쓸 것이 너무나 많다. 준공하면서 이천시에서 보내준 주소가 들어간 문패는 대문의 기둥에 설치하고, 우리 집만의 내 문패는 "남천나무 집"으로 하여 골목길 쪽으로 설치하였다. 우체통도 대문의 기둥 위에 설치하면서 대문 주위는 마무리가 되었다. 정원에 등은 모두 태양광으로 구입하였는데 조도가 거의 없는 은은한 등은 개비온의 중앙에 설치하였고, 곰발바닥 등은 정원 곳곳에, 나무 한 그루에는 실 형태의 등을 설치하였다. 태양광을 이용한 정원용품들의 종류들이 너무 많아 하나씩 사다 보니 5종류가 마당과 정원에 설치가 되었다.

정원의 나무와 꽃, 텃밭의 작물을 가꾸다

전원주택은 외부공간이 핵심이 된다. 건물의 디자인보다 담장과 대문, 마당, 정원, 텃밭이 사람들에게 많은 평가를 받는다. 실내는 건축가들 말고는 관심이 전혀 없다. 우리 집의 담장과 대문은 개비온으로 하여 개성은 있으되, 자연미를 살리려 하였다. 골목길의 담장은 나무로 구획하기로 하였기에 사철나무를 남측과 서측에 심었다. 나무로만 심어도 멋지게 될지 알았지만 뭔가 허전하여 2m 간격으로 개비온으로 벽을 추가로 설치하게 되었다.

주방 전면 마당의 4×6m의 공간과 건물 둘레에 1m 폭에는 보도블록으로 포장하였다. 정원에는 기존 대지에 있던 넓고 큰 돌 하나와 베어낸 큰 나무의 밑동을 버리지 않고 모아서 집마다 하나씩 심으려 한다.

▲ 서측 조경　　　　　　　　　　　　　　　　북측 조경 ▲

▼ 남측 조경　　　　　　　　　　　　　　　　동측 조경 ▼

　텃밭은 단지 공용 공간에 설치하여 텃밭은 대지 내에는 없게 하려 한다. 대지의 나머지 땅은 모두 정원을 만들었는데, 처음 담장을 설치할 때는 정원이 너무 작아 보였다. 건축부위와 주차장, 마당 등을 제외하면, 약 40평 정도의 정원인데 앞마당에 30평과 동측에 10평 정도의 공간뿐이었다. 이곳에 대지의 외곽으로 남천나무 50

그루, 사철나무 200주는 고민 없이 심게 되었고, 앞마당 중앙에 셀릭스와 홍가시나무 각 한 그루를 메인 나무로 하고 그 주변에는 수국 세 그루를 심어서 키우는 낮으면서 만개 시 앞마당을 풍성하게 해주기를 바랐다. 골목길 도로변으로는 왕대추 두 그루와 대봉감나무 한 그루 등 과실수와 대문 근처에 블루엔젤 세 그루와 꽃으로 능소화 네 그루를 심었다. 동측 하천 변의 파고라 주변에는 다래를 두 그루 심고 파고라 양측으로는 한쪽에는 양파, 다른 쪽에는 쪽파를 심어 임시 텃밭으로 사용하려고 하였다. 나중에 상추나 쑥갓 등은 이곳에 심을까 한다.

그 이외에도, 수선화, 국화, 튤립 등 겨울을 날 수 있는 다년생 꽃들이 곳곳에 심어져 있고 장미 두 그루와 꽃잔디, 패랭이, 백리향과 이름을 알 수 없는 지인의 집에서 가져온 다섯 가지 정원에 좋은 꽃들도 여기저기에 산재하여 심어져 있다. 마당과 화단 사이의 비어 있는 공간에는 당연하게 잔디를 심었다. 일일이 나열하기가 힘들 정도로 욕심을 내어 이것저것 많이 심다 보니 40평의 정원은 내가 감당하기가 벅찼다. 나에게는 100평의 땅도 버거운 상황이 되어가고 있었다.

조경을 할 때 나무와 꽃들도 이 지역에서 잘 자라는 수종으로 해야 하니 심어놓은 나무와 꽃들을 계속 관찰하고 동네 분들에게 물어보기도 하면서 선택하게 되었다. 남천나무와 감나무를 키우는 집이 많아 선택했고 능소화와 장미도 키우는 집이 많았다. 집사람은 홍가시나무와 셀릭스, 왕대추나무를 꼭 심고 싶어 해서 선택하게 되었고, 수선화, 국화, 튤립은 먼저 살던 다누리골에서 구근을 가져와 심게 되었다. 얼추 정원에 나무와 꽃들을 다 심었는데 동네 이장님이 산수유마을에 와서 산수유나무를 안 심었다고 얘기하는데 초창기에 세 그루 정도를 심는다 해놓고 그새 깜빡한 상황이 되어 바로 세 그루를 사다가 심었다.

집들이

입주를 하고 실내외 인테리어가 마무리되면서 식구들과 친지, 동료와 지인들을 초대하며 집들이가 한동안 계속되었다. 어머님은 대문이 중요하니 좋은 것으로 하라고 돈을 주셨고, 아이들은 마당의 어닝을 설치할 돈을 모아주었다. 친지들과 지인들도 돈봉투와 인테리어 용품들을 하나씩 가져오기도 하고, 전원용품들을 한두 개씩 가져왔다. 돈봉투는 집들이하면서 매주마다 고생한 아내의 것이 되었고, 집 곳곳에 설치된 선물들은 가져온 분들과의 추억이 될 것이다.

집들이가 이어지면서 집에 대한 품평이 하나둘 나왔는데 세대별로 다양한 반응이 나왔다. MZ세대인 20~30대는 아파트와 다른 공간에 대해 이해가 없어서 특이하게만 바라보는 것 말고는 별다른 평이 없었다. 대문과 담장도, 정원과 텃밭도 그들의 눈길을 끌지 못하는 것 같다. 저녁때 야외에서 바비큐를 먹는 즐거운 분위기에만 조금 재미있어할 뿐이다.

　어른들은 무엇보다 냉난방에 관심이 많으셨고, 예전보다 훨씬 좋아진 단열과 창호를 보고 전원주택도 점점 좋아지니 살 만할 것 같다고 하셨다. 다만, 밖에서 보기엔 커 보였지만 실내 면적이 작은 것이 마음에 걸리신 듯하다. 중복도라 폭이 넓은 아파트보다는 3m 폭의 복도가 없는 집이라 작게 보인 듯하다. 집에서 정원과 텃밭에 심을 꽃과 나무를 가져다주신 분들도 있고, 마당과 담장, 대문 등 외부공간에 대해 많은 얘기들을 하셨다. 감나무와 대추나무를 심으라는 분들이 많았다.

　지인과 동료들은 건축가답지 않게 너무 소박하고 평이한 건물이라 실망을 하면서도, 어릴 적 시골 주택의 냄새가 아주 많이 난다는 평이 많았다. "고향 만들기"라는 내 계획대로 진행이 된 것이 아닌가 싶은 생각이 들었다. 몇몇 분들은 눈으로 대충 훑어보기보다 자세히 만져가며 시공 상태를 주의 깊게 관찰하고, 내부 도장과 외부 스타코 시공이 꼼꼼하게 잘되었다고 전문가로서 품평을 하였다. 원목가구와 벽장에 대해 궁금해했고, 담장에 사용된 개비온에 대해서도 흔치 않은 자재라 많은 질문을 했다.

　입주를 하고 나서 이웃분들도 궁금해서 많이 방문하셨는데 생각보다 집이 넓어 보인다는 평가가 나를 기쁘게 하였다. 20평이라는 숫자는 꽤 작은 공간이란 생각을 가지고 보게 되는 듯했지만, 실제 들어와 보고는 20평이 맞는지 재차 물어보셨다. "다락을 포함해야 20평이니 실제는 18평입니다." 하면 많이 놀라셨다. 특별한 가구들도 없었고 가전제품도 눈에 안 띄게 다용도실에 설치하고, 실내는 화이트톤으로 밝게 했으며 각 실마다 남북으로 창을 설치했기에 공간이 넓게 보이는 것 같다. 옥에 티는 화장실이었는데 너무 티가 나게 작아서 2개를 만든 것은 판단 미스가 되었다.

  주변의 평가를 듣다 보니, 전원주택에 대한 선입견이 디자인이 화려한 멋진 2층 양옥으로 굳어져 있는 것 같다. 단층주택은 아주 오래된 집 말고는 거의 접해보지 않은 사람들이다 보니 가족과 지인들의 성에는 차지 않는 것이다. 대지라도 넓으면 좋았겠지만 100평의 작아 보이는 대지에 마당과 정원도 시원한 맛이 나지 않지만, 우리에게 편안함을 주는 적정한 면적의 마당과 정원이다. 처음에 담장을 설치할 땐 좁아 보였지만 막상 나무와 꽃들을 심어보니 지금도 벅찬 상황이다. 너 컸으면 낭패를 볼 뻔했으나 면적이 협소해 보여 박한 평가는 어쩔 수가 없는 상황이다.

이제는 고향이라
말하고 싶다

 잊혀가는 것들을 다시 돌이켜 본다. 집들이, 함 팔기, 백일, 돌, 환갑, 칠순 잔치 등 친한 사람들과의 교류가 점점 줄어들고 있다. 또 잊혀가서 안타까운 단어가 하나가 "고향"이다. 많은 사람들에게서 없어져 버린 곳이고 지금은 거의 사용 안 하는 단어다.

 고향은 많은 사람들에게 단순히 태어나고 자란 곳을 가리키지만, 더 깊은 의미를 지니고 있다. 고향은 개인의 삶과 경험에 따라 그 의미가 달라질 수 있지만, 보통은 그 자체로 특별하고 소중한 곳이다. 어떤 사람에게 고향은 안정과 안락함을 상징하는 곳일 수 있고, 다른 사람에게는 추억의 소중한 닻으로 남을 수 있다.

내가 살면서 이사를 한 횟수를 기억해 봤다. 할머니 집에서 태어나 어릴 적 같은 동네에 분가한 우리 집, 서울에서 세 번을 이사하면서 학창 시절을 보냈고, 결혼 후부터는 아파트 4곳을 거쳤으니 57세까지 아홉 번을 이사한 셈이다. 그래도 평균 6년을 살았으니 꽤 오래씩 산 것 같다. 동네로 기억하면, 원주 반곡동에서 14년, 서울 미아리에서 13년, 신혼 초 동해와 용인에서 4년, 수원에서 12년, 성남에서 15년을 살았다. 거쳐 간 도시만 해도 6개의 도시를 전전한 것이다.

남은 생애도 또다시 어디론가 이사를 하여야 할지 모른다. 지금 살고 있는 곳에서 계속 사는 게 최상책이지만, 은퇴 후 고향인 강원도 원주시 반곡동에 내려가 살려던 생각은 도시 생활을 계속하면서 더욱 간절해지고 마음속의 안식이었다. 고향에서의 어린 시절이 나에게는 못 잊을 추억이다. 초가집, 기와집, 벽돌집, 흙집들과 골목길을 걷던 어린 시절의 나를 아직도 기억하고, 논과 밭, 개울과 산등성이, 골짜기가 눈에 선하다.

생각하지도 않았던 내 고향의 도시화가 믿어지지 않았지만, 어릴 적 고향과 시골집의 분위기를 유지하는 동네는 거의 없는 게 현실이다. 인구가 집중되는 수도권과 대도시는 말할 것도 없고 중소도시들도 도시가 외곽으로 확장되다 보니 예전 고향 모습을 찾기가 힘든 것도 현실이다. 많은 분들의 고향이 사라지면서 그곳에서의 추억 모두가 저 머나먼 과거의 일들로 남을 뿐이다. 대다수 서울로 상경한 분들은 시골집의 불편했던 기억들이 너무 많아 도시의 생활에 만족하기도 한다.

<u>나의 귀향·귀촌의 목적은 예전 어릴 적 고향을 찾는 것이다.</u> 우리 시골집은 농사를 지어서 마당이 제일 넓었고, 정원이라야 마당 한구석에 나무 세 그루가 다였고, 텃밭은 건물 뒤편에 장독대 근처에 몇 평이었다. 부엌과 툇마루, 마당이 집의 핵심이었고 여기에서 농사의 모든 일을 하고, 마당 한편의 평상에서 식사도 하고 이웃을 맞이하는 이 야외 생활을 할 수 있는 시골의 집이 내 고향이다.

우리 집에 들어오는 골목길 주변의 집들도 비슷한 형태였고, 각 집 울타리는 돌, 나무, 흙 등으로 만들어 집마다 특성이 있어 친근함을 느끼지 않을 수 없었다. 각각의 집은 만수네, 쌍둥이네로 불리기도 하지만, 감나무집, 돌담집, 과수원집, 싸리나무집 등 집의 특성을 살려 불렸다.

내 고향이 사라진 것도 애틋하지만, 고향이라는 단어 자체가 이제는 사라져 가고 있다. MZ세대들은 대부분 도시에서 태어나 아파트에서 평생을 살아가는 세대라 고향이라는 단어 자체를 생소하게 생각한다. 아파트 분양받아 이사 가고, 아이가 늘다 보면 평수도 키워야 하는 도시 생활은 한곳에서 오래 살기가 어려운 환경인지라 어느 아파트가 고향이 되기가 애매한 상황이다. 내가 태어나고 자란 고향이라는 의미가 없어진 것이다.

고향을 찾으려는 내 작은 행동이 나중에 우리 아이에게 마음의 안식처가 되기를 바라본다. 부모님이 계신 곳이 똑같은 아파트가 아니라서 자녀들에게 조금이라도 특별한 곳이길 바라본다. 가끔 놀러 와서 나무와 꽃, 텃밭 작물의 이름을 아이들이 알게 되고, 수확하는 기쁨도 느꼈으면 좋겠다.

에피소드 18

우리나라 난방방식의 변화를 간단하게 정리해 본다.

우리나라의 난방방식은 아궁이 → 연탄보일러 → 기름, 가스보일러 → 지역난방의 순으로 발전했다. 1950~1970년대에는 부엌에 있는 아궁이에 나무나 벼잎 등으로 구들장을 데우면서 솥에다 물을 데워서 사용하다가, 1970~1980년대에는 연탄보일러가 보급되면서 석탄산업이 지금의 반도체와 맞먹는 국가산업이 되었다. 이 당시의 아파트도 연탄보일러로 지어졌다. 그러다가 1988년 서울올림픽 개최를 하게 되면서 연탄으로 인한 환경문제로 기름, 가스보일러로 점차 바뀌어 갔고 제1기 신도시가 생기면서 지역난방이 도입되었다.

1970~1980년대의 연탄보일러가 점점 사라지면서 도시의 공기와 환경이 획기적으로 좋아졌다. 1990~2000년대는 대체재인 LPG와 등유배달이 중요한 사업이 된 시대이고, 제1기 신도시 시작부터 도시가스와 지역난방이 각 지역에 공급되면서는 난방에 대한 걱정은 사람들에게 잊혀갔다. 1970년대 아궁이에 쓸 나무하러 다니던 내가, 1980~1990년대 연탄을 갈러 다니던 내가, 이제 아무것도 하지 않고도 더 편안하게 생활이 가능한 수준으로 50년 동안 이렇게 발전되었다.

참고로, 1990년대 태어난 자녀들과 얘기하다 보면 예전의 한국의 공기가 아주 좋았다고 기억하는 세대이지만, 나의 어린 시절 기억을 되살려 보면 1970~1980년대 서울 등 대도시에서는 각 가정에서 쓰는 연탄과 공장의 매연, 비포장도로 등으로 서울 등 대도시의 공기는 지금보다 훨씬 안 좋았다. 1988년 올림픽 이후 태어난 세대들은 전혀 모르는 얘기인 것이다. 지금은 중국이 그 당시의 우리나라처럼 연탄과 공장 매연 때문에 예전의 1970~1980년대 한국과 같고, 그 여파가 우리나라까지 미치는 것이다.

아파트가 점점 살기 편하게 변화하듯이 전원주택도 점점 발전하고 있다. 난방방식의 변화에서 보듯이 예전에 살기에 불편한 것들이 점점 없어지고 있다. 주택은 살기에 불편하다는 편견은 잊어도 될 듯하다. 도심에서 얻을 수 없는 많은 것들을 주택에선 느낄 수 있고, 편안함과 여유로움이 우리를 맞이할 수가 있다.

2장
1년간의 생활 후기

준공 후 1년이 훌쩍 지나갔다. 집을 좀 더 꾸미려고 1년간 애지중지하며 다룬 것 같다. 이것도 해보고 저것도 하면서 집을 꾸미는 일에 몰두하고 즐겼던 것 같다. 대부분은 아내가 감독을 하고, 일은 내가 하지만 조금씩 변해가고 좋아지니 즐겁게 일을 한다.

토지매입부터 건축 공사 후 입주 1년까지를 돌이켜 보면, 미처 챙기지 못해 후회가 남는 것들이 있고, 놓치지 않고 진행하여서 다행인 것도 있으며, 일반인들도 어려워하지 않고 전원주택에 도전할 이야기들도 있다.

좋은 터를 골라서 건강한 집을 짓고 누구나 살고 싶은 마을을 만드는 과정에서 후회가 남는 일도, 잘한 일도, 건축에 문외한인 사람들에게 도움이 될 얘기들을 입주하면서 정리하고 남겨놓으려고 한다.

좋은 터
자연이 가까이 있다.
기반시설이 갖춰져 있다.
남향의 햇빛 아래 빛나는 땅,
북쪽으로 바라보는 원적산과 산수유꽃.
마을의 경계가 있고, 골목길이 있다.

건강한 집
하자가 없는 튼실한 주택.
바람이 잘 통하는 맞통풍 구조.
이중단열과 적정 창호로 난방비 절감.
마당, 정원, 텃밭의 내 식구들…

누구나 살고 싶은 마을
차량, 건물보다는 나무와 논밭이 있다.
마을을 알리는 이정표가 있다.
역사가 있고, 축제도 열린다.
마을에 들어서면 눈인사하는 이웃들.

다시 했으면 하는 사항들

7년의 시간을 들여 진행한 프로젝트가 마무리되니, 무사히 마친 것에 대해 감사함을 느끼며 지내게 된다. 좋은 터를 발견하고 마음 맞는 동행자들과 함께 만든 골목길이라 같이 모여 지낼 앞으로가 매우 기대를 갖게 한다. 준공 후 1년이 지나가면서 골목길을 바라보면, 두 집만 입주를 하여 아직은 빈터가 더 많아 빨리 다른 분들도 입주하기를 희망해 본다. 1년을 상주하면서 계획할 때 고려한 부분들이 현실과 맞지 않는 것도 있고, 생각을 조금 더 했으면 하는 아쉬운 것들이 하나둘 생겨서 적어보려 한다.

첫째, 골목길의 폭이 4m는 작은 것

단지 규모가 작은 편이라 법적 기준인 폭 4m로 계획하였지만, 길

이가 50m인 골목길의 차량 교행이 불가하고 주차장에 주차하기 힘
들다. 주차장과 연계를 해서 도로의 폭을 넓게 하는 방안을 전 세
대가 입주하기 전에 계획을 하려고 한다. 더 큰 문제는 공사 차량의
진입이 힘들어 안쪽의 집들이 공사를 먼저 해야 한다는 것이었다.

둘째, 골목 안쪽에 약 60평의 공용 텃밭으로 한 것

대지 내에는 정원과 화단을 구성하는 것으로 하고, 텃밭은 모여
서 같이하자는 생각으로 만들었던 것이다. 또한, 골목 모임도 개개
인의 집에서보다 공용 텃밭의 오두막에서 모이려는 현실도 반영한
것이다. 아직 입주한 사람이 적어 혼자서 60평을 관리하는 것이 너
무 벅차다. 전원이 입주하면 그 역할을 제대로 하겠지만, 1년을 생
활해 보니 집 안에도 상추 같은 채소와 고추 정도는 있어야 한다.
공용 텃밭의 일부에는 오두막 한 채를 짓기 위해 여섯 집에서 다시
돈을 모으게 되었다.

셋째, 대지 조성공사 업체에 관한 것

공사 금액이 1억 5천만 원인 소규모 공사라 지역업체 2곳 중에서
단가가 낮은 업체에 공사를 의뢰하였다. 공사도 소규모지만, 업체
도 아주 영세하여 책임자 없이 기능공 위주로 일이 진행되었다. 도
면은 있지만, 크게 확인 절차 없이 식생블록을 쌓는 데만 몰두하여
보강토블록이 계획된 곳과 경사진 곳을 알지 못하고 공사를 진행하
여 불안불안하였다. 재시공이 생겨 기능공들의 일당이 날아가는 문
제가 생기면 서로가 난처해질 것 같았다. 재시공 방지를 위해 시간
나면 거의 매일 현장을 찾았으니, 건축공사와 같이 직영처리를 하

는 것이 훨씬 좋을 뻔하였다.

넷째, 반입토의 상태에 관한 것

성토하는 곳에서는 흙의 반입이 일정과 비용에 많은 영향을 끼친다. 더해서, 반입토의 흙 상태도 면밀하게 챙겨야 한다. 우리 현장에 반입되는 흙은 곤지암의 산에서 가져왔는데, 처음에는 표면의 흙인 듯 흙의 상태가 좋아 보여서 반입을 허용을 하였지만, 갈수록 자갈 등 돌이 많아지는 것이 상태가 계속 나빠졌다. 차라리 흙이 반대로 들어왔으면 더 좋았을 것이다. 마지막으로 들어오는 흙의 상태는 자세하게 확인하고 좋은 흙을 받는 것이 좋다.

다섯째, 오수정화조의 설치

북측 도로로 오수관이 지나는 것을 확인하고 오수의 연결을 위해 단지의 레벨을 평지로 진행한 것이었다. 그렇지만, 하수처리장으로 가는 오수관이 아니고 마을 공동정화조로 연결된 것이어서 용량의 한계가 있어서 100가구가 넘어서면서 우리 단지는 오수정화조 설치로 개발행위허가가 나오게 되었다. 오수정화조 설치는 직결보다 비용도 많이 들지만, 유지관리에도 비용과 시간이 들어가야 한다. 더 중요한 것은 오수정화조를 가동하는 모터 소리가 밤에는 매우 거슬리는 소리가 된다.

여섯째, 인테리어의 문제

건축설계 때부터 실내의 마감재와 같은 인테리어 분야는 아내와 상의했어야 했다. 아파트 생활을 할 때는 몰랐는데 아내와 나의 인테리어 성향이 너무 달라서 문제가 생겼다. 우선, 내벽에 설치한 벽장이 너무 많아서 벽장을 장식하기 힘들다는 것이다. 벽장 형태도 전부 동일해서 인테리어를 해도 크게 효과가 없다는 잔소리에 시달렸다. 나는 수납 기능으로 만든 것인데, 아내는 인테리어 요소로 바라보면서 방마다 다르게 하나는 세로로 길게, 하나는 가로로 길게 만들어 방마다 의미가 있어야 한다고 생각했다. 많은 벽장을 채울 인테리어 소품들 하나하나 마련하는 것이 스트레스였던 것 같다. 가구들도 원목으로 주문하였는데 아내는 가구점의 모던하고 심플한 디자인을 선호했다. 설계하면서 각 공간의 쓰임과 동선에만 치중한 나머지 집을 꾸미고 빛낼 아내의 생각을 듣지 못한 것은 큰 아쉬움이 남는다. 아내의 입장은 아파트처럼 공간을 만들어 주면, 인테리어는 자기가 하려고 했는데 미리 해놓아 서운해했다.

일곱째, 다락의 창호 위치와 크기

우리 집 다락의 컨셉은 창고였을 뿐인데, 막상 다락에 올라가면, 북측 창으로 원적산 조망이 활짝 펼쳐져 있다. 가끔 다락에서 커피를 마시곤 하는데, 창이 작고 높아서 주변 풍경을 마음껏 즐기지 못하는 아쉬움이 계속 남는다. 단열의 문제보다는 조망이 모든 사람에게 놓칠 수 없는 현실인 것은 분명한 것이다. 산 아래에서 위를 바라보는 조망을 생각조차 못 한 원망은 두고두고 얘기가 나올 것이다.

여덟째, 방의 폭에 관한 것

우리 집은 3m의 폭으로 3룸, 두 번째 준공한 집은 4m의 폭으로 2룸으로 설계를 했는데 3m와 4m의 공간감은 실제 1m 차이보다 훨씬 커 2배 정도로 보였다. 3룸의 이점은 있으나, 2룸의 공간감은 무시하기가 힘들었다. 2룸은 거실과 주방을 통합해야 되어 우리 집처럼 북측에 마을 도로가 있으면 적용하기 힘들다. 한옥에서의 두 칸 3.6m를 적용하면 적정한 공간감이 나오지 않을까 하는 생각이 든다.

 이렇듯 많은 시행착오가 발생하게 되니, 처음으로 돌아가 한 번 더 여러 대안들을 가지고 고민했으면 더 좋은 집이 되었을 것이라는 아쉬움이 남는 상황이다. 이런 내용을 들은 아내는 나머지 집들이 이런 걸 전부 보완하여 건축을 하면 나중엔 우리 집이 가장 후진 집이 된다고 농담 아닌 농담을 한다.

다행히도
놓치지 않았던 사항들

7년간의 여정을 마무리하면서 전원생활을 하려는 분들에게 놓치면 안 될 몇 가지를 다시 한번 강조하고 싶다.

거주할 주택이든, 5도 2촌의 주말주택을 하려고 하든 동행할 가족이나 친지들이나 친구, 동료들과 함께하기를 권한다. 여럿이 같이 하면 토지 구입에서 대지개발, 건축공사의 모든 과정에서 든든하고, 많은 사람들이 판단할 경우에는 실수가 훨씬 줄어들 것이다. 전원주택의 입지나 토지개발, 건축공사는 한번 잘못 결정하면 남은 평생을 후회하며 지내게 된다. 특히, 토지 구입의 경우에는 혼자서는 좋은 땅을 구하기가 아주 어렵고 제한이 많다. 동행자와 공동으로 하면 좋은 땅들이 많아지고 선택할 때 좋은 판단이 가능해진다.

첫째, 입지의 문제

전원주택은 거듭 얘기하지만, 나 홀로 주택, 급경사지 주택, 조망은 좋으나 향이 안 좋은 주택들은 거주를 하기에는 적당치 않다. 보통 그런 곳은 주말주택의 용도라 평일에는 사람들이 드물고 동네 분위기가 매우 쓸쓸하고 외롭다. 무섭기까지 할 정도이다. 거주자가 많은 기존 주택지나 단지 개발한 주택지라도 주중에 한 번씩은 가봐야 그곳의 실체를 확인할 수가 있다. 밤에 갔을 때 불 켜진 집이 많아 거주자가 평일에도 살고 있는 집들이 많은 곳으로 가야 한다. 우리 토지는 마을 한가운데 토지이기도 하였지만, 북측 도로를 제외하고는 삼면 모두 하천부지라 이웃과 경계가 명확했다.

둘째, 남향은 절대적인 것

건축 기술의 발달로 북향의 악조건에서 해결의 방안을 찾는 것이 건축가로서 임무이긴 하지만 남향의 천연자원 앞에서는 사람의 한계가 있는 것이다. 조명자재가 아무리 발전하여도 햇빛을 따라갈 수가 없고, 환기기술이 발전하여도 바람을 이길 수가 없는 것이다. 감각이 결여된 건축자재와 기술들이 천연재료들을 이길 수는 없는 것이다.

셋째, 건축 규모는 최소화해야

노후의 전원주택은 마당, 정원, 텃밭이 있다고 하면 건축물은 부부만의 공간만을 우선 계획하고 그 크기도 20평 정도로 최대한 작게 하고 2층은 실제로 사용을 잘 안 하기에 단층을 권한다. 소형의 단층 공사비는 의외로 많이 들어 평수를 늘리려고 조금 더 보태어

2층으로 하거나 사각형 모양의 주택을 지으면 두고두고 후회하게 될 것이다. 20평 일자형 또는 'ㄱ'자형 단층과 30평 사각형 2층의 공사비는 거의 비슷하여 30평을 택하는 우를 범하지 않기를 바란다. 건물보다는 옥외공간에 욕심을 내면 좋겠다.

넷째, 야외공간은 많을수록 좋다

전원주택은 대지의 30% 이내로 건물을 짓고 마당과 정원, 텃밭을 꾸밀 수 있는 외부공간이 많아야 한다. 사람마다 다르겠지만, 나무와 꽃, 작물을 키우고 가꾸는 일이 없는 전원생활은 아파트 생활과 별반 다르지 않다. 실내생활에 익숙한 현대인들이 적응을 하기가 어렵겠지만, 실내생활보다는 마당에서 시간을 많이 보내는 것이 필요하다.

다섯째, 단열과 기밀성의 확보에 진심이어야

우리 집은 소형 단층의 규모이므로 냉난방비가 대형 복층보다 훨씬 직세 나올 수 있도록 계획을 하였다. 목조의 단열은 구조벽 내부에 유리섬유를 설치하여 진행하는데, 우리는 외부에 스티로폼 90mm를 추가하였다. 이중으로 단열을 한 것이다. 또한, 단열에 취약한 창호도 바닥면적의 25% 이내의 적정한 크기를 계획하였다. 남측의 창호는 되도록 크게 하고 북향의 창호는 작게 설치하였다. 물론, 제로에너지 주택이 아닌지라 한여름에는 에어컨을 한 달 정도 틀었고, 겨울에는 보일러의 힘을 빌려서 지냈지만 11월~2월까지 평균 금액이 15만 원을 지불하여 평당 1만 원이 채 안 나오는 비용이 사용되어 안심이 되었다.

좋은 터를 잡아 건강한 전원주택을 짓고 동행자와 함께할 골목길도 조성해 놓았으니, 입주 후 동네 분들과 어울리면서 누구나 살고 싶은 마을을 만들기 위해 노력하려 한다. 우리 마을이 언제든 그 누군가의 고향이 되었으면 좋겠다.

집이 달라지면,
삶도 달라진다

분양받은 아파트나 단독주택이 아닌 우리 부부가 하나하나 공들인 우리의 건강한 집은 어느 곳 하나도 눈길이 안 가는 곳이 없다. 아침에 일어나 집을 한 바퀴 돌다 보면, 애정이 가득한 물건과 공간이 눈앞에 펼쳐진다. 밤새 안녕한 나무와 꽃, 마음 든든한 대문과 담장, 어제저녁 한잔한 마당의 식탁과 의자, 창고 벽에 걸린 삽과 농기구들이 오늘도 나를 반겨주는 것 같다. <u>아파트에서 일어나 물 한 잔 마시며 TV를 틀던 우리는 도시인이었다.</u>

삼시세끼 대부분은 집에서 하게 되는데 늦잠이 많은 집사람을 위해 간단한 아침은 텃밭에서 기른 콩으로 두유를 갈고, 텃밭의 야채와 정원의 과일들로 샐러드도 만든다.

점심은 집사람이 미안한지 냉장고를 열어 오늘은 수제비, 부침개, 된장찌개, 고추장찌개를 추천하면 그날 기분에 맞춰 "부침개!"만 외치면 된다. 저녁은 쌈 채소가 남아돌아 돼지고기를 자주 먹게 되는데 이상하게 질리지 않는 게 흠이다. 질리지 않는 이유는 돼지고기보다 가지와 감자, 버섯, 꽈리고추 등이 불판 위에 훨씬 더 많아서일 것이다. <u>아파트에서 삼시세끼를 챙겨 먹는 것이 힘들고 지겨워 삼식이라고 불리는 우리는 도시인이다.</u>

아침 식사 후 원두커피를 갈아서 정원이 보이는 탁자에 앉아 마시면서 대화를 하다 보면, 튤립에 꽃망울이 맺혔다, 고추에 진딧물이 보인다, 감자를 캐야 될 시기가 왔다, 당근 씨를 뿌렸다, 사철나무 상단 가지치기를 하자, 며칠 비가 안 왔으니 정원에 물을 주자, 등 얘기할 거리가 넘쳐난다. 대강 오늘 할 일들이 정해진다. 나무와 꽃, 작물 기르는 취미는 우리 부부에게 많은 즐거움을 주고 세끼를 맛있게 먹을 수 있는 기회도 준다. <u>아파트에서 시간을 보내기 위해 누구를 만나고, 어디를 가야 하는 우리는 도시인이다.</u>

커피를 마시다 얘기가 옆길로 새면, 옆집에서 준 김치가 맛있었다, 이장네 개가 어제 담을 넘어 동네를 돌아다녔다, 뒷밭에 대파는 누구네가 어제 심었다, 산수유 축제 때 누구네는 잔치국수로 1천만 원을 넘게 벌었다, 등 동네 얘기를 하다 보면 어느새 점심시간이 되는 경우도 많다. 우리 대화의 대상인 이웃들과 인사하고, 동네 이야기를 하다 보면 "먼 친척보다 나은 이웃"이란 속담이 맞는 듯하다. 아파트에서 아랫집, 윗집은 서로가 조심할 사이로 매 행동에 제약이 많은 우리는 도시인이다.

　전원주택은 자연과 가깝다. 집에서 동서남북 어디를 봐도 자연을 바라볼 수가 있다. 북측으로 보면, 원적산의 산 능선과 많은 나무들이 한눈에 들어와 오후에는 정상에 한번 가봐야지 싶다. 서측으로는 작은 능선이 있고 동네 누군가가 내려올 듯한 마을 골목길이 쭉 뻗어 있다. 동측으로는 이웃집 처마와 그 뒤 언덕에 전원주택들이 보인다. 남쪽으로는 우리 집 정원의 나무와 앞집의 기와가 보이고, 그 옆으로 골목길이 보인다.
　우리 집에서 보이는 사방의 풍경과 함께 따뜻한 햇빛, 살랑거리는 바람, 좋은 공기가 있어 마당과 정원, 텃밭에 나가 있는 것이 하루의 일상이 된다. 높은 빌딩들과 도로 위 수많은 차량, 제각각인 사람들의 행렬을 보는 우리는 도시인이다.

　자동차 운전이 즐겁다. 대형마트까지 가는 길이 왕복 2차선 도로이니 쌈빡이를 켜고 끼어들 일이 없다. 대부분은 50km 이하의 속도로 달리니 주변의 풍경도 자세히 느낄 수가 있다. 우리 집의 주차장은 내 차만의 전용 주차장이고, 자주 가는 마트나 식당, 커피숍도 대부분 주차장이 널널하니 주차 걱정이 전혀 없다. 도심에서는 운전을 안 하려는 집사람도 나를 태우고 자주 운전한다. 아파트 내 주차 전쟁과 도심의 운전 스트레스를 버텨내는 우리는 도시인이다.

　정원의 작은 나무는 언제 자랄지 모르지만, 집 주변과 산에는 큰 나무들로 숲을 이루고 있다. 많은 나무 중 내 눈에는 밤나무와 감나무가 유독 잘 보인다. 가을에 유독 눈길을 끄는 감나무는 대부분 그 집과 잘 어울린다. 가을 감나무는 풍성함을 가장 잘 나타내는 것 같다. 우리 집에도 대봉나무를 한 그루 심었다. 내년에는 감 한 개라도 달리면 좋겠다. 공동 텃밭의 가장자리에 있는 밤나무에서도 맛있는 밤을 수확하지만, 한 그루로는 성이 차지 않아서 산에 있는 밤나무 아래로 발걸음이 가게 된다. 텃밭의 작물에서도 고추, 가지, 감자, 고구마, 상추 등 많은 것들을 수확할 수가 있다. <u>무엇을 수확하는 기쁨보다는 그저 돈 주고 사야만 하는 우리는 도시인이다.</u>

전원주택에서는 할 일이 매우 많다. 대부분은 단순하고 쉬운 일이지만 매일 할 일들이 생긴다. 이 일들을 며칠 미루면 어디에든 티가 난다. 내 집과 마당을 유지하려면 자세히 관찰하고 배워서 즉각 보수하고 새로운 것을 만들어 가야 한다. 정원의 나무와 꽃은 나무 하나, 꽃 하나마다 가꾸기에 따라서 사람의 손이 많이 갈수록 예쁘고 화려해진다. 텃밭의 채소와 야채들은 파종, 모종을 심으면서부터 수확하기까지 매일 손이 가야 맛있는 식재료가 되어간다. 반대로 하루라도 움직이지 않으면 많은 일들이 쌓이게 된다. 마당에는 낙엽들과 흙이 쌓이고, 나뭇가지는 제멋대로 뻗치고, 가지와 호박은 수확시기를 놓치면 그 맛이 안 나고, 정원과 텃밭의 잡초는 매일 뽑아도 계속 나오게 되어 있다. 하루하루 내 몸이 움직이면 많은 것이 변화한다. 그 작은 변화를 보면 아주 즐거운 일상이 된다. <u>아파트에서는 나의 부지런함이 주는 기쁜 생활보다 남이 해놓은 것들을 즐기는 편한 생활에 익숙한 우리는 도시인이다.</u>

집이 달라지니 삶이 많이 달라졌다. 우리 집과 마당은 이미 우리 부부와 한 몸이다. 집 안의 전등 하나, 마당의 돌 하나, 텃밭의 무 하나가 이 모두가 우리의 의지가 들어간 내 몸과 같다. 도심 속에서는 누군가 열심히 만들어 놓은 것들을 눈으로만 바라보지만 전원에선 그 누군가가 바로 나여야 한다. 내가 건강해야 하고, 부지런해야 전원생활을 유지할 수가 있다. 반대로, 전원생활을 계속하면서 스트레스를 받지 않아 건강할 수가 있고 건물과 마당, 정원과 텃밭을 관리하기 위해 부지런하게 움직여야 한다.

버킷리스트에 전원생활이 올라가 있는 분들께…

　땅을 구입하면서, 5년간의 5도 2촌의 생활을 뒤로하고 대지조성과 건축공사에 2년을 투자하여 단지공사와 전원주택 공사를 마무리하였다. 그동안 부동산, 토지주, 토목과 건축 설계업체, 토목 시공업체, 건축공사 기능공 등 많은 새로운 사람들과 소통하며 일을 진행하였다. 마을 이장님과 주변의 이웃분, 동행하는 사람들의 협조로 큰 어려움 없이 진행하게 되어 매우 감사한 일이 되었다.

　많은 사람들과 관계에서 때때로 껄끄럽고 분쟁도 일어날 수도 있지만, 처음 보는 많은 분들과 큰 문제 없이 진행된 이유는 관여한 대부분의 사람들이 전원생활을 하고 있어 동질성이 많아서였던 것 같다. 전원이라는 한가지 공통점이 사람들을 마음을 모은 것이다. 자연, 전원이라는 매우 깊은 공간에 나도 함께한다는 기쁨도 생겼다.

"고향 만들기"란 목표를 가지고 진행한 7년의 시간들을 돌이켜 보면서, 인생의 마지막 목표인 전원생활의 첫 단추인 거주지를 만드는 것에 많은 시간과 비용을 투자하였다. 전원생활에 도전하는 분들께 용기를 내보시라고 그 간의 내용을 간략하게 적어본다.

땅이 모든 것을 좌우한다

"이 땅이 내 땅이다."라는 생각이 드는 곳을 찾아야 한다. 내 근거지에서 1시간 이내에 이동이 가능한 지역 중에서 자연과 가깝고 기반시설이 들어오는 고즈넉한 마을을 우선적으로 정하면 좋다. 마을의 경계가 뚜렷하여 이웃들이 생길 수 있는 곳, 평지나 약간의 경사지에 주택들이 많은 곳이면 괜찮다.

이러한 몇 곳의 마을 중에서 남향과 조망이 괜찮은 토지를 구하되, 조급하게 생각 말고 시간을 가지고 많이 다니다 보면 그런 땅을 발견할 수가 있을 것이다. 이곳이면 평생 살아도 좋겠다는 생각이 들면 사야 한다. 우리 주변에 많은 사람들이 땅을 사놓고도 마음에 안 들어 집도 못 짓고, 팔지도 못하는 사람들이 주변에 많이 있다. 심지어는 집까지 지어놓고 사용 안 하는 사람들도 많다.

배치가 많은 것을 좌우한다

전원주택은 건물보다 훨씬 넓은 땅을 가지고 있다. 건폐율이 20%인 보전관리지역의 대지는 건물이 놓일 자리보다 훨씬 많은

80% 가까운 공간을 꾸밀 수가 있어야 한다. 건물 20%보다는 이 나머지 땅을 어떻게 무슨 용도로 사용할지를 고민해야 한다. 건물과 마당, 정원, 주차장, 대문과 담장을 어떻게 배치할 것인가? 미처 생각해 보지 않은 것이 많은 것을 좌우한다. 대문의 위치에 따라 건물 형태가 달라지고, 마당의 위치도 변경이 되는 도미노 현상이 생기므로 깊이 있게 검토해야 후회를 안 한다. 우리 집을 찾는 많은 사람과 이웃들은 건물보다 대문과 담장, 마당과 정원에 더 관심을 가진다.

미국의 전원주택 잔디들은 관리를 안 하면 벌금을 내게 한다. 우리가 저 동네 참 살기 좋겠다 하지만 모든 사람들이 꾸미기에 가능한 일이다. 거저 그렇게 된 것이 아니다. 새로 신축되는 아파트들은 예전보다 몇 배나 많은 비용을 조경공사에 투자하는 것도 같은 이치다. 일반적인 아파트는 건폐율이 15% 정도밖에 안 되어 더욱 그렇다.

건축설계가 만족감을 좌우한다

전원주택은 다닥다닥 붙은 도심의 건물과 다르게 사람들의 눈에 잘 보인다. 전원주택은 집들의 간격이 넓어 건물이 한눈에 들어오고 디자인이 조금이라도 예쁘면 많은 칭찬을 받을 수가 있다. 디자인의 가성비가 그만큼 큰 것이다. 반대로, 도심지의 주택들은 디자인이 아주 빼어나지만 사람들의 눈길을 잘 끌지 못한다. 건물 하나하나를 보기가 어렵기 때문이다. 전원주택에서 설계의 중요성이 크다는 방증이기도 하다.

도심지 주택은 높은 건폐율과 용적률을 대지에 맞게 하려다 보면 2층은 기본이고 3층의 주택을 짓게 되므로 배치보다는 실내외 동선과 인테리어에 집중한다. 계단과 거실을 중심에 두고 프라이버시 확보를 위해 중정을 만드는 형태로 많이 계획한다. 전원주택은 건폐율을 지키면서 실외생활에 중점을 두고 설계를 진행하는 것이 좋다. 일단 단층으로 계획을 먼저 하는 것이 좋다. 공간을 추가할 필요가 있으면 다락이나 2층을 올리면 되는 것이다. 처음부터 2층으로 생각을 하면 도심지 주택이나 아파트의 평면에서 벗어나기 어렵다. 주거하기에 적정 규모를 먼저 정한 후, 내·외부 디자인을 자기의 취향에 맞는 공법과 자재를 선택하여 아웃테리어 위주로 설계해야 한다. 건물과 외부공간과 연계가 좋을수록 거주하기에 좋은 공간이 되고, 마당과 정원을 꾸미는 일상이 즐거울 수가 있다.

건축공사가 유지관리를 좌우한다

전원주택은 건물과 외부공간의 유지관리를 주인이 직접 해야 한다. 유시관리를 해본 적 없는 건축주들은 그 중요성을 모르기 쉬운데 작은 흠집 하나를 처리하기 위해 사람을 쓸 수는 없는 것이다. 설계 시에 적정한 면적과 단층, 적정 층고를 적용하는 것이 중요하지만, 공사 자체가 잘되어야 한다. 직영공사 시에 가장 중요한 것은 공사할 사람들을 잘 만나야 한다. 그러기 위해서는 공사를 일임할 현장소장의 역할이 아주 중요한데 경험이 많은 분을 찾아야 한다.

건물 위치를 정확히 잡은 후에, 튼튼한 기초를 바탕으로 골조공사를 꼼꼼하게 마무리할 목수 한 팀을 구해서 진행하고, 빈틈없는 단열공사와 기밀성을 확보하는 내·외장공사를 해야 한다. 마감공사는 건축주가 추구하는 디자인과 자재를 사용하되, 복잡한 방법보다는 간결한 방식으로 공사를 하면 유지관리에 편하다. 건물 유지관리도 중요하지만, 외부공간도 화단과 큰 나무의 식재 위치는 미리 정해서 진행해야 다시 손대지 않는다. 토목과 조경공사는 준공이 된 이후로는 장비를 사용하기 어려워 다시 손대려면 사람이 일일이 해야 하므로 미리 계획을 해놓는 것이 좋다.

건축물을 준공하고 보면, 건축물대장에는 건축주와 건축사의 이름만 남는다. 건축사는 건축주가 의뢰하는 순간부터 땅을 보고 공간을 계획하고 현장조사를 거쳐, 디자인 개념을 잡아 건물의 규모, 예산, 기능, 미관, 품질적 측면에서 설계 방향을 설정하고 가능한 해법을 제시해야 한다. 토지매입 후 초기 기획 단계에서 추진할 방향을 잘 잡아야만 후회 없는 대지 배치와 주택이 기획되고 공사 품질도 보장이 될 것이다.

누구나 살고 싶은 마을에 있는 남향의 땅을 구입하고, 그 땅에 건물과 담장과 대문, 마당과 정원을 조화롭게 배치를 하며, 적정한 면적의 주택을 자기만의 취향을 뽐내는 디자인으로 건축을 완료하여야 한다. 내 분신과 같은 내 집에 입주한다면 후회할 일보다는 즐거운 날들이 많아져 노년의 생활이 찬란할 것이다.

시 한 편

전원에서의 하루

백만수

서서히 밝아오는 동틀 무렵
나무와 꽃들에게 밤새 안부를 묻고

아침 햇살이 창을 넘어들 때,
산까치 소리와 함께 간단한 아침을 먹습니다.

따가운 햇살로 변하기 전
정원과 텃밭 곳곳에 시원한 물줄기를 내뿜어 주고

한창 해가 내리쬘 때면
풀 내음이 가득한 산속 산책로를 따라 걷습니다.

된장찌개… 수제비… 부침개… 막걸리…
펜화 그리다가 눈 마주치면 얻어먹고
시간 가는 줄 모르고 그리면 내가 차려주고

조용한 오후에 책장은 넘기다가
노곤함에 코를 골며 단잠에 빠집니다.

저녁노을이 산을 붉게 물들일 때
상추 한가득과 고추, 가지, 호박 몇 개 뜯어오고

흙 내음이 깊어가는 고요한 시간에
개구리들의 합창소리와 함께 저녁을 먹습니다.

마을 안 깊은 숲의 속삭임 속에서
남천과 장미, 토마토를 주제로 대화를 나누고

자연의 품 안에서 잠을 청하며
이 고요와 평화 속에서 내일을 꿈꿉니다.

에필로그

고향 만들기

책 제목을 "고향 만들기"로 정한 것은, 이제는 사라진 나의 고향을 찾아가는 여정을 담았기 때문이다. 인생의 마지막을 보내려 한 나의 고향과 다시 만나고 싶었다. 단순히 전원주택을 지으려는 생각이었으면, 살던 곳 아주 가까운 곳에서 가족과 함께 지낼 주택을 계획할 수도 있었다. 우리 아파트에서 산 하나만 넘으면 전원주택지로 인기 있는 곳이 있기 때문이다.

우리 아이들에게도 "고향"이라는 곳을 만들어 주고도 싶었다. 어디 아파트가 고향이 되기에는 많이 옮겨 다녔다. 그나마 중학교부터 현재까지 신도시의 아파트에서 15년을 계속 살고 있기에 아이들은 이 지역을 떠나기 싫어한다. 벌써 많은 친구들이 다른 곳으로 이사를 하였기에 우리는 이사를 하지 않기를 바라고 있다. 아이들에게는 우리 아파트가 고향이 되었지만, 아파트의 수명이 제한적이라 이 또한 사라질 것이다.

시골이든 도시이든 물리적으로 고향이 지속할 수가 없는 것은 너무나 당연한 것이다. 하지만, 정서적인 고향에 대한 향수는 나이가 들어가면서 누군가에겐 더욱 강해질 수가 있다. 어릴 적 고향으로 향하는 작은 신작로부터 우리 집까지의 길이 아직도 내 머릿속에 각인되어 있다. 자동차로 가던 길이 아니라 매번 걸어 다녔던 길이었다. 마을 입구 삼거리에 앉아계신 분은 동네 할머니들이었고, 조금 더 가면 마을에 하나뿐인 가게가 나오고 가게 옆 도랑은 맨날 지저분하였다. 도랑을 끼고 산 위아래로 집들이 계속 이어져 있다. 할머니 집은 이 도랑의 맨 아래에 있었다. 그 밑으로는 전부 논과 밭이었다.

고향이라는 단어가 연결되면서부터 땅을 찾기가 너무나 어려워졌다. 자연을 파괴한 흔적이 많은 옹벽과 도로가 보이고, 도시처럼 다닥다닥 붙어 있는 집들이 많은 곳이 너무나 흔했다. 예전에 도시의 산동네보다 더 무질서하게 도심 근교에서 개발되었다. 도시 인근에서는 고향이라는 단어를 쓰기에 민망한 곳들투성이였다. 고향을 염두에 두고 몇 년간 계속 다니다 보니 점점 서울과 멀어져 가고 있었다. 그리고, 땅보다는 마을을 먼저 선정하여 그곳의 분위기를 살피게 되었다. 이제는 마을 입구만 지나도 이곳을 자세하게 볼지 대충 보고 나갈지를 알게 되었다. 마을 입구에 이정표 하나에 모든 것을 알아볼 수가 있는데 이정표조차 없는 곳은 둘러볼 필요조차 없다.

고즈넉함이 묻어나는 마을을 정해 몇 곳을 다니다가 기반시설이 어느 정도 연결되어 있는 마을 중앙의 땅을 발견하였다. 고향찾기에 동행할 지인들과 함께 골목길을 조성할 수 있는 660평의 땅이라 더욱 좋은 곳이었다. 동행할 지인들 모두가 만족하는 남향의 땅이기도 하였다. 또한, 마을 분들도 마을 한가운데 땅을 어떻게 개발하는지 관심이 많았는데 동네와 어울리는 단층집을 지으려 하니 많은 응원을 해주었다. 이미 동네와 어울리지 않는 집들이 속속 들어와 걱정이 많았던 듯하다. 주변과 어울리게 개발한다는 소문이 나서 착공하면서부터 동네 분들과 좋은 관계를 가지게 되어 이웃으로 인정을 해주었다. 흔히 말하는 텃세라는 것은 전혀 찾아볼 수가 없었다.

고향을 찾았으니, 오랜 기간을 거주할 수 있는 건강한 내 집을 지어야 한다. 건물의 규모는 부부끼리 살기 적정한 20평으로 다락이 있는 단층 주택으로 결정하였고, 건물의 형태는 'ㄱ'자형으로 정하였다. 건물의 위치를 확정하고, 대문을 거실에서 바라볼 수 있는 곳으로 결정을 하니, 담장과 주차장의 위치가 결정되었다. 집의 전·후면에 화단과 나무들을 심을 곳도 정하면서 배치가 완료되었다. 건물 구조는 목조로 정하고 벽 외장재를 스타코로 시공하여 이중으로 단열을 하였으며, 창호류 크기도 바닥면적의 25% 이내로 하여 단열성능을 높이려고 노력하였다. 주거 기능의 제일 첫 번째인 따스함이 있어야 한다.

누구나 살고 싶은 마을 한가운데에 이웃과 함께할 골목길을 만들었고, 따스함이 있는 우리의 건강한 집을 준공을 하였다. 이곳이 새로운 나의 고향이 될 것이다. 자연을 온전히 느끼려 나무와 꽃, 각종 작물들을 가꾸고 키울 것이며, 동네 분들과 인사하며 이웃으로 다가갈 것이다. 마을 행사도 의외로 많은데 그곳에도 적극 참석하려고 한다.

전원주택이란 내 집을 짓는 여정보다는 새로운 고향을 찾는 여정을 해보기를 권한다. 조금 더 땅을 찾는 데 신중해질 것이고, 자연을 온전히 느낄 수 있는 곳을 찾아가게 될 것이다. 동네 분위기가 고향이라는 단어를 떠올리게 하는 그런 곳은 좋은 곳이다. 이런 곳들이 많아지면 많아질수록 우리의 삶은 더 윤택해지고 그곳에서 태어나지는 않았지만 아이들에게도 부모님 고향에 가는 기쁨이 있을 것이다.

부록

전원주택
모형 만들기

전원주택 한 채를 짓고 입주까지 매우 길고 복잡하였지만, 땅을 찾아다니고 건축하는 모습을 보게 되고 입주한 집에 방문하는 과정 모두가 즐거운 일이었다. 나만의 주택을 위한 여정이 즐거움 속에서 진행된 것은 스스로 내 공간을 만든다는 기대감이 컸고, 자연 풍광 아래에서 땅과 함께 살아가는 여유로움과 평안함이 가득한 하루를 보내는 미래를 생각했기 때문이다.

고향 느낌이 풍성한 마을 몇 곳의 매물 중에서 동행할 사람들이 만족할 땅을 찾으려고 몇 년을 돌아다닌 것은 주말에 즐거움이었다. 경치 좋고 사진 찍기 좋은 곳이나 맛집과 관광 명소를 다니는 것보다, 좋은 땅을 찾는 목적을 가지고 여행한다는 것은 즐거움을 배가시키기에 충분하였다. 도시와 마을을 세세하게 바라볼 수 있게 된 것은, 답사하면서 많은 땅을 관찰하다 보니 자연스럽게 보는 시야가 넓어진 것이다. 답사를 위한 몇 년의 여행은 매우 즐거웠다.

토지 매입을 한 후에도 답사를 하며 느낀 단지 개발지의 장단점을 잘 파악할 수가 있었기에 단지를 조성하면서 정확한 대지 레벨을 정하고, 필지 분할을 자신있게 할 수가 있었다. 단지 조성을 해서 아주 흔한 논밭이 매우 쓸모 있는 대지로 변화되는 즐거움도 쌓여갔다. 매입한 땅은 개발 허가가 어려운 땅도 아니고, 기반시설 인입에 전혀 문제없고, 주변 이웃들도 환영해 주는 곳이어서 단지 조성을 마무리하며 뿌듯함은 이루 말할 수 없었다.

이제 마지막으로 건강한 집을 짓는 것만 남았다. 건축주로서 나의 라이프스타일과 취향에 맞는 전원주택을 계속 꿈꿔왔기에 그동안 그렸던 수많은 도면을 정리하게 되었다. 건축사나 하우징 업체에서 건물 배치, 구조와 재료, 복잡한 인허가, 건축 시공에 대해서 도움을 받을 수 있다. 또한, 건축주가 요구한 공간에 대해 구조적, 기능적, 미적인 사항에 대한 조언도 당연히 필요하다. 하지만, 근본적으로 자기의 공간에 대한 확신은 건축주에게 있다. 대지와 건축물의 크기, 필요한 공간과 형태, 내 시그니처 공간, 향과 조망 등 나만의 스타일에 대한 스스로의 확신이 필요하다.

내 공간은 나의 행동에서 나오는 것이다. 방에서는 무엇을 하면서 보내고, 주방과 거실에서는 어떤 일을 하고 싶고, 실외에서는 어떻게 지낼지는 본인이 정해야 한다. 본인도 잘 모를 때는 공간을 직접 만들어 보거나 체험하는 것이 제일 좋은 방법이다. 공간을 직접적으로 체험할 수 있는 많은 방법들이 존재한다. 아파트 모델하우스나 3D의 가상 체험을 하면 좋겠지만, 현실적으로 어렵다. 전원주택 건축주에겐 직접 모형을 만드는 것이 가장 쉽게 할 수 있는 좋은 방법이다.

작은 공간에서 약간의 준비물과 하루의 시간을 투자한다면 가능한 일이라 누구든지 즐겁게 할 수가 있다. 전원주택의 모형 만들기는 내 공간에 대한 이해력을 높이고, 건물의 배치와 디자인의 필요성도 깨닫게 되므로 필히 했으면 하는 과정이다. 자신의 눈높이를 높일 수 있는 기회가 되고, 진행하면서 미래의 내 집을 꿈꾸는 즐거움도 함께 느낄 수가 있어서 일석이조의 효과가 있다.

전문가들에게 찾아가기 전에 모형 만들기에 하루의 시간을 투자하면, 이 세상 어디에도 없는 내게 맞는 최고의 공간과 건축물을 만드는 기쁨을 누릴 수가 있을 것이다. 여기에, 주변 풍경과 조화를 이룬다면 누구나 살고 싶은 마을이 될 것이다.

진행 순서 (사진)	설명
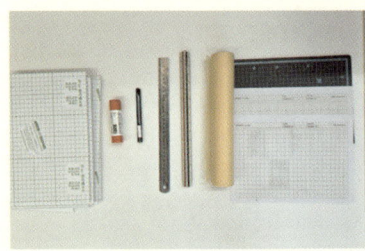	**준비물** 모눈종이 투명 트레이싱지 (얇은 것) 자 (철재 / 스케일용) 칼 & 풀 & 우드락 본드 옷핀 (임시 고정용) 보드류 (모형 제작용)
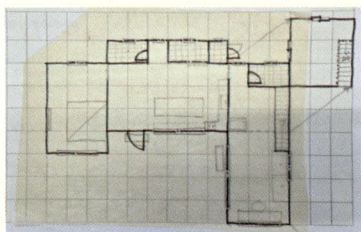	**평면 계획** 방과 화장실의 개수 공용공간의 위치 (LDK) 나만의 공간 옥외 공간과의 연계 각 실의 크기 => 모형 만들기의 기초: 즐겁게 여러 가지 대안을 작성
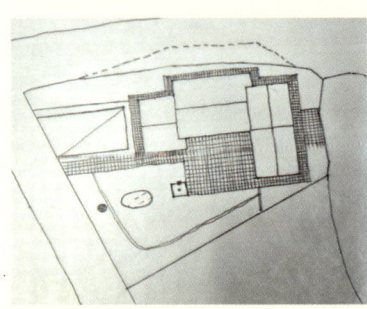	**대지 계획** 건물과 옥외 공간 연계성 검토 주차장의 위치 대문과 담장의 형태 데크, 썬큰, 파고라 설치 전정과 후정의 위치 => 모든 실은 남향이 제일 좋다
	**입면 계획** 각 실 창(문)의 위치 각 실 창(문)의 크기, 모양 지붕 형태의 결정 처마 길이의 결정 => 창: 남향은 크게, 북향은 작게, 동서향은 고정창으로 멋지게

진행 순서 (사진)	설명
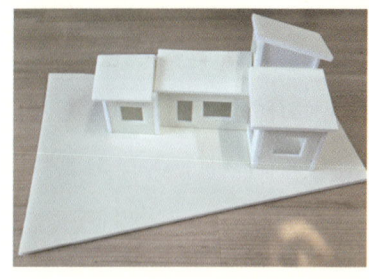	**대지 모형 만들기** 재료는 3mm 석고보드 좋음 대지 크기에 맞게 자르기 경사 토지는 석고보드 덧붙이기 주변 도로도 표현하면 좋음 => 기초는 대지보다 30cm 높게: 3mm 스티로폼 2개 덧붙일 것
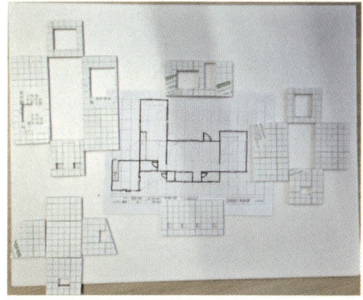	**건물 모형 만들기 1** 재료는 치수 있는 보드류 추천 평면에 맞춰서 벽체 자르기 창(문) 오려내기 지붕의 경사도 정하기 지붕 만들기 => 축척 1/50: 외벽 높이는 6cm
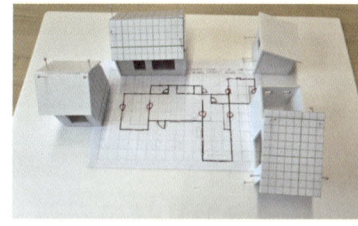	**건물 모형 만들기 2** 우드용 본드와 옷핀 필요 지붕 경사에 맞는 벽체 재단하기 각 실마다 벽체를 만들어 고정하기 지붕 붙이기 => 옷핀으로 임시 고정 후 본드로 붙이기
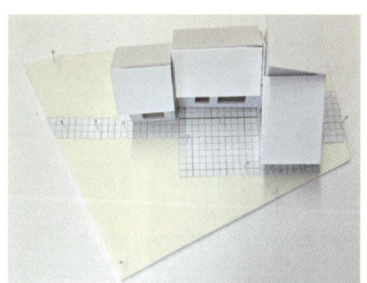	**모형 마무리** 대지에 건물 배치하기 대문부터 출입 동선 만들기 주차장, 전정, 후정 만들기 나무와 담장도 하면 좋다 => 확정안: 재료 색상 등 표현 가능